正しい食生活で健康なカラダをつくる！

愛情いっぱい犬ごはん

知っておきたい55のポイント

「幸せ犬ごはん」編集室 著
一般社団法人HAPPYわんこ　元代表
木下 聡一郎 監修

はじめに

INTRODUCTION

本書は２０１１年発行の「ワンちゃんがもっと元気に！「犬ごはん」毎日のポイント55」を元に加筆・修正を行っています。

私が愛犬のごはんを用意し始めると、ラブラドール・レトリバーの「ウィン」とゴールデン・レトリバーの「サッチャー」がやってきてジュウジュウと肉の焼ける音、食器を並べる音を聞きながら、私の一挙手一投足を見つめて「いまか、いまか」とヨダレを垂らさんばかりにしています。出来上がったごはんをほおばる彼女たちの嬉しそうな顔やしぐさを見ていると、私自身がなんともいえない幸福感に包まれます。

私が彼女たちのためにごはんを作ろうと思ったのは、ある事件がきっかけでした。それまで夜鳴きすることなどなかったウィンが、ある夜、私のベッドで大騒ぎをしたことがありました。起こされた私は、どうしたんだろうと10分ほどウィンをなだめていると、急に激しい胸痛に襲われ、救急車で病院に運ばれることになったのです。診断は狭心症の初期症状。緊急処置で危うく一命を取り止めた私は、病院からの帰路、命の恩人ウィンに恩返しすべく、ウィンの持病の疥癬《かいせん》という皮膚系疾患を克服するために本格的な体質改善に乗り出そうと心に決めました。

以来、手作り料理に切り替え、体質改善に取り組んだ結果、疥癬の症状は目覚ましく改善され、毛ヅヤも見違えるほど良くなりました。今では、愛犬のためのお手製メニューの開発がライフワークとなっています。

犬に与えるごはんは凝った方が良いなどというつもりはありません。手作りが一番といいきるつもりもありません。そもそも犬のごはんはなんでもいいのです。犬は雑食ですから、与えればなんでも食べます。しかし、愛犬を家族の一員として大切に思うのなら、栄養バランスやカロリー、水分に気を遣って食事管理をすることは、飼い主として最低限の役目ではないでしょうか。

そこで、本書ではフード選びの基本から手作りの秘訣、体調不良に対応したメニュー、ごはんを使ったしつけのコツまで、さまざまな角度で愛犬と〝食〟を楽しむための55のポイントをまとめてみました。

もちろん、私たち一人ひとりが体質や食事の好みが異なるように、犬もそれぞれに違って当然です。大切なのは、あなたと愛犬とのコミュニケーションの中で、どんなごはんを与えるのがベストなのか、何を食べさせてはいけないのか、それを見つけることです。それがあなたと愛犬が末永く一緒に暮らすための一番の秘訣であり、最善の方法といえるでしょう。

そのためのヒントを本書で見つけていただければ幸いです。少しのコツと、たっぷりの愛情で、ぜひ素敵なごはんタイムを演出してみてください。

一般社団法人ＨＡＰＰＹわんこ　元代表理事

木下聡一郎

CONTENTS

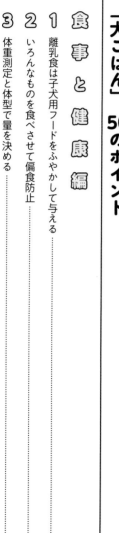

本書の見方

本書では犬ごはんの「5つの基本」と「50のポイント」を紹介しています。
上手に活用して、愛犬とのごはんタイムを一層充実させてください。

犬のキ・モ・チ

コツについて、ワンちゃんがどう思っているのかを犬目線で語っています。

コツ

それぞれのポイントについて具体的なコツを紹介しています。

カテゴリー

毎日の犬ごはんに役立つ55のポイントを〈5つの基本〉〈食事と健康〉〈生活〉の3種類に色分けしています。

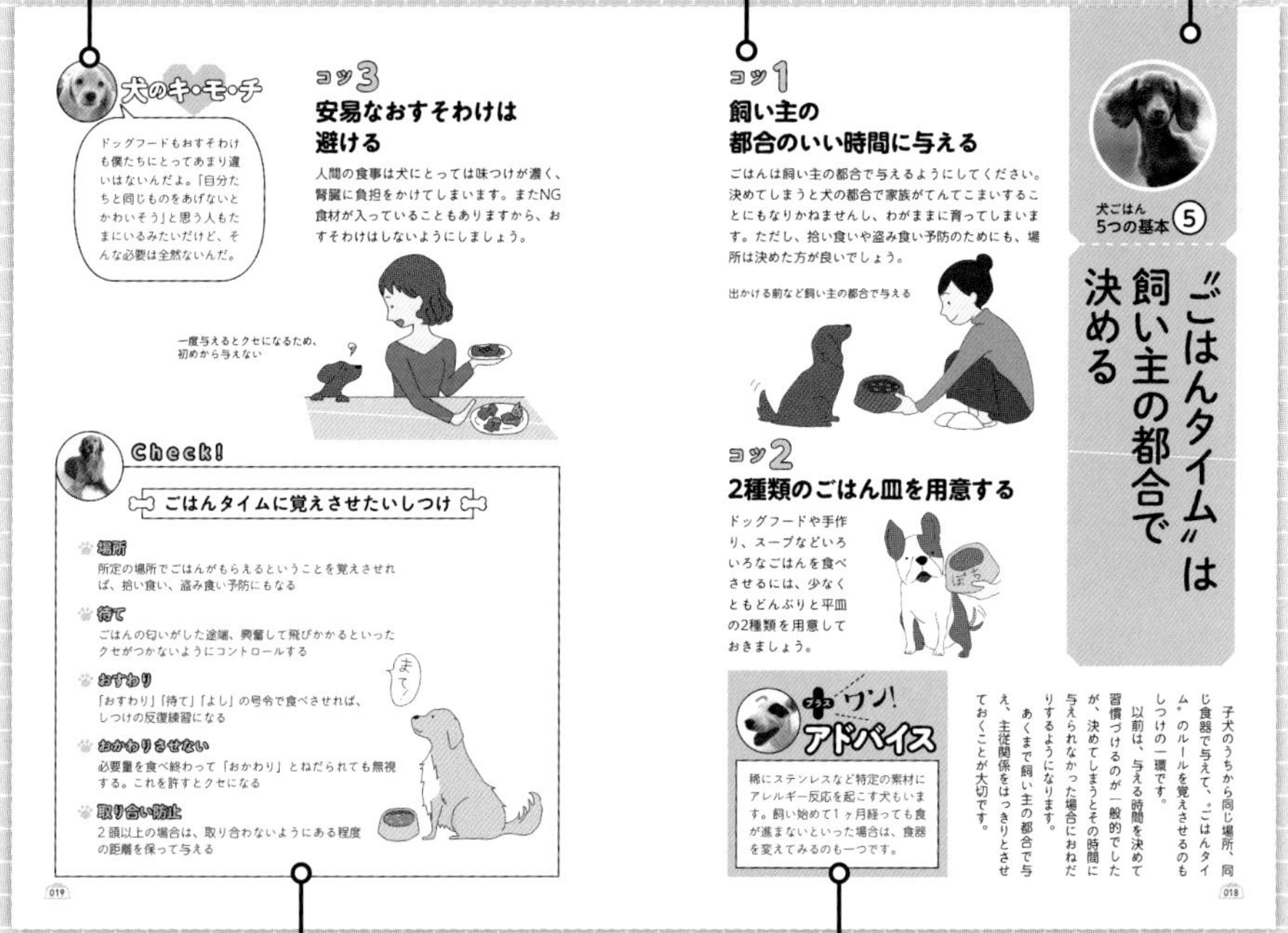

犬ごはん 5つの基本 ⑤

“ごはんタイム”は飼い主の都合で決める

子犬のうちから同じ場所、同じ食器で与えて、“ごはんタイム”のルールを覚えさせるのもしつけの一環です。

以前は、与える時間を決めて習慣づけるのが一般的でしたが、決めてしまうとその時間に与えられなかった場合におねだりするようになります。

あくまで飼い主の都合で与え、主従関係をはっきりとさせておくことが大切です。

コツ1

飼い主の都合のいい時間に与える

ごはんは飼い主の都合で与えるようにしてください。決めてしまうと犬の都合で家族がてんてこまいすることにもなりかねませんし、わがままに育ってしまいます。ただし、拾い食いや盗み食い予防のためにも、場所は決めた方が良いでしょう。

出かける前など飼い主の都合で与える

コツ2

2種類のごはん皿を用意する

ドッグフードや手作り、スープなどいろいろなごはんを食べさせるには、少なくともどんぶりと平皿の2種類を用意しておきましょう。

プラスワン！アドバイス

稀にステンレスなど特定の素材にアレルギー反応を起こす犬もいます。飼い始めて1ヶ月経っても食が進まないといった場合は、食器を変えてみるのも一つです。

018

犬のキ・モ・チ

ドッグフードもおすそわけも僕たちにとってあまり違いはないんだよ。「自分たちと同じものをあげないとかわいそう」と思う人もたまにいるみたいだけど、そんな必要は全然ないんだ。

コツ3

安易なおすそわけは避ける

人間の食事は犬にとっては味つけが濃く、腎臓に負担をかけてしまいます。またNG食材が入っていることもありますから、おすそわけはしないようにしましょう。

一度与えるとクセになるため、初めから与えない

Check!

ごはんタイムに覚えさせたいしつけ

場所
所定の場所でごはんがもらえるということを覚えさせれば、拾い食い、盗み食い予防にもなる

待て
ごはんの匂いがした途端、興奮して飛びかかるといったクセがつかないようにコントロールする

おすわり
「おすわり」「待て」「よし」の号令で食べさせれば、しつけの反復練習になる

おかわりさせない
必要量を食べ終わって「おかわり」とねだられても無視する。これを許すとクセになる

取り合い防止
2頭以上の場合は、取り合わないようにある程度の距離を保って与える

019

MEMO、Check!、Point

カロリーの目安など参考データは「MEMO」として、与えてはいけない食材など覚えておきたい事柄は「Check!」として、コツの中でも押さえておきたい事柄を「Point」として掲載しています。

プラスワン！アドバイス

それぞれのコツの補足やさらなるステップアップアドバイス、雑学などを紹介しています。

愛犬と

ずっと一緒にいたいから…

- ドッグフードの選び方
- ライフステージ別ごはん
- 手作りごはん
- 健康管理・体質改善ごはん
- しつけのためのおやつ

…のコツで元気に！

毎日のポイント55

「犬ごはん」5つの基本

愛犬と一緒に過ごす上で最低限、押さえておきたい5つの基本を紹介

「犬ごはん」50のポイント

食事と健康 市販フードから手作りまで、健康に長生きするためのごはんのコツを紹介

生活 しつけをはじめ、誤食や車酔いなど生活の中で起きるさまざまな悩みごとをごはんで解消するコツを紹介

犬ごはん
5つの基本 ①

栄養たっぷりの緑黄色野菜や豆類を与える

犬ごはんの基本は人間と同様、五大栄養素といわれる炭水化物、タンパク質、脂質、ビタミン、ミネラルです。ドッグフードにはこれらの栄養素がバランス良く配合されていますからあまり気にしないでしょうが、手作りするときには、穀類や肉、魚、野菜をまんべんなく与えるように心がけてください。

ここでは積極的に与えたい食材をご紹介します。もちろん、水も忘れずに与えましょう。

コツ1

タンパク質豊富な大豆や卵を与える

必要な栄養素は人間とほぼ同じですが、必要とする割合は違います。犬にとってはタンパク質が主食ですから、卵や大豆は多めに与えたいところです。

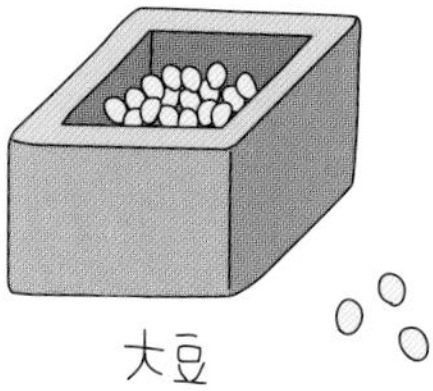

大豆

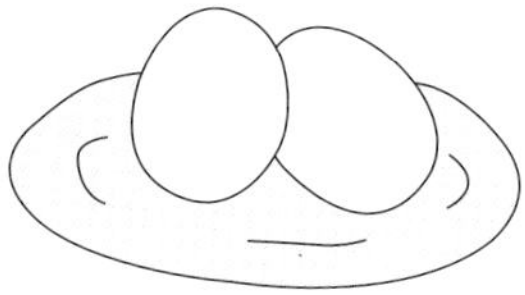

卵

コツ2

お肉は低脂肪のささみがおすすめ

犬の好物といえばお肉。牛肉、鶏肉、ラム肉、レバーなど喜んでペロリと食べます。しかし、与え過ぎは肥満のもとですから、低脂肪のささみやダチョウ肉を取り入れるといいでしょう。

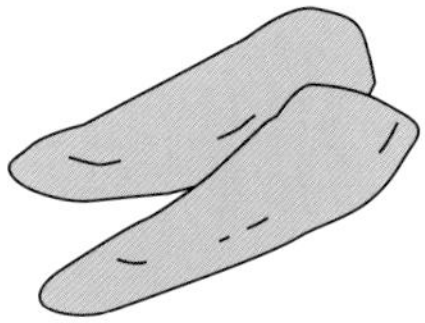

ささみ

ダチョウ肉

＋《プラス》ワン! アドバイス

牛肉の中では、もも肉が脂肪分少なめで鉄分豊富といいとこ取りの食材です。鶏肉は皮を取り除くと、脂肪分がカットできます。

コツ3
元気を保つ緑黄色野菜を与える

トマト、にんじん、かぼちゃ、ピーマンなどの緑黄色野菜は、ビタミンや食物繊維が豊富に含まれる健康食材です。

コツ4
海藻やきのこでミネラルを補給

ひじき、こんぶ、のりなどの海藻類にはカルシウムやリン、鉄分といったミネラルがたっぷり。また、きのこ類も低脂肪で栄養豊富な食材です。

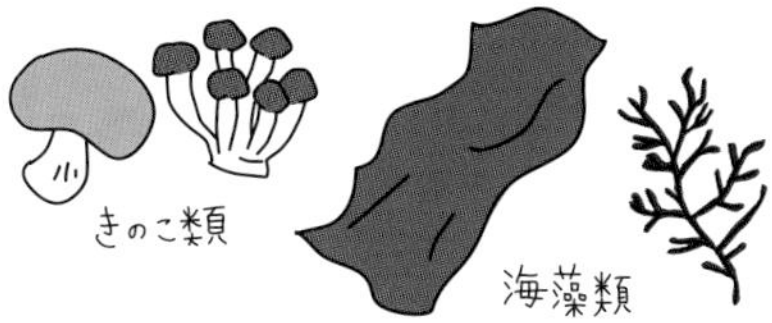

Check!

積極的に与えたい主な食材

大豆	豆腐や納豆なども含む。良質なタンパク源になる
卵	タンパク質はじめバランスの優れた栄養食
ささみ	高タンパク低脂肪でビタミンも豊富
レバー	良質なタンパク質と鉄分が摂れ、貧血予防に
イワシ	カルシウムたっぷり
サンマ	オメガ3脂肪酸で血液がサラサラに
タラ	ビタミンDが豊富でカルシウムの吸収を助ける
かぼちゃ	ビタミン、βカロテン、食物繊維がたっぷり
トマト	ビタミン豊富で、水分補給にもGOOD
れんこん	カリウムやビタミン、食物繊維が豊富
ブロッコリー	ビタミンCを摂って風邪予防に
ひじき	カルシウムと鉄分がたっぷり
しめじ	豊富なビタミンB2ががん予防に効く
ヨーグルト	乳酸菌が腸の働きを助ける

犬ごはん
5つの基本②

体を壊すネギ類、チョコレートは避ける

犬のごはんといえば昔は残りものをあげたせいか、人と同じものでも構わないと考えてはいませんか？

実は人が食べて平気でも、犬にとっては体に毒という食べものがたくさんあります。長ネギ、タマネギなどのネギ類、チョコレート、ココア、生卵の白身などです。

犬がこれらを食べると体調を崩す恐れがありますから、注意しましょう。

コツ1

ネギの成分が溶け込んだスープも要注意

長ネギ、タマネギ、ニラなどのネギ類はすべて食べさせてはいけない食材です。ネギ入りのスープや汁ものから具を取り除けば大丈夫と考えるかもしれませんが、これらの成分が溶け込んでいるのでNGです。

コツ2

ハンバーグはタマネギの代わりにキャベツを

タマネギのみじん切りが入ったハンバーグもNGです。挽き肉にキャベツやニンジン、ピーマンを合わせるのが野菜もたっぷり摂れてオススメです。

プラス ワン！
アドバイス

人間と同様、卵にアレルギーがある犬もいます。その場合は、ハンバーグのつなぎを豆腐やじゃがいもなど、愛犬がアレルギーを起こさないもので代用しましょう。

コツ3
チョコレートは必ず片づける

チョコレートやココアなど、カカオの含まれる食品も与えてはいけません。つまみ食いしないよう、子どものおやつやお茶菓子をテーブルの上に置きっぱなしにしないようにしましょう。

コツ4
卵は加熱して与える

タンパク質たっぷりの卵は積極的に食べさせたい食材ですが、生卵の白身は下痢の原因になります。必ず加熱するか、全卵で与えるようにしてください。

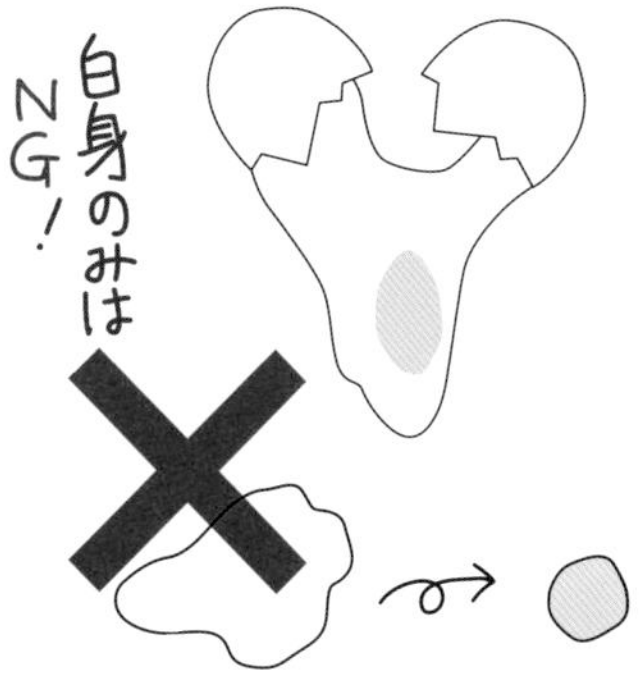

Check!

食べさせてはいけない主なもの

×…絶対に与えてはダメ　△…個体差はあるが体調を崩す原因になる

×ネギ類
赤血球を破壊する

×チョコレートなど
嘔吐や下痢、けいれんの原因になる

×生卵の白身
下痢の原因になる

×生の豚肉
下痢の原因になったり、筋肉を衰えさせる

×骨付き肉
加熱した鶏の骨は裂けて喉や消化器官を傷つける恐れがある

×マカダミアナッツ
激しい足の痛みやけいれんの原因になる

×餅
喉に詰まりやすい

×生米
消化に悪い

△ぶどう、干しぶどう
嘔吐や下痢、腎不全の原因になる

△アボカド
嘔吐や下痢の原因になる

△ナスなどアクの強い野菜
尿石症や下痢の原因になる

△エビ、イカ、カニ、タコなどの魚介類
消化に悪い

△牛乳
脂肪分が高いため、水で薄めたごく少量ならOK

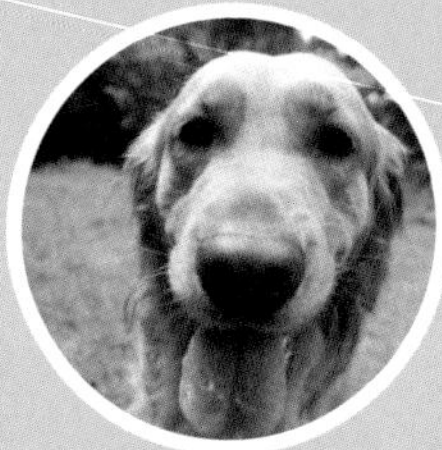

犬ごはん
5つの基本 ③

年齢に合った総合栄養食を選ぶ

ドッグフードにはドライ、ウェット、セミモイストと、大きく分けて3つのタイプがあります。さらに、子犬用、成犬用、老犬用、ダイエット用、療法用など年齢や用途によっても種類が分かれています。

特別な目的がなければ、「愛犬の年齢に合ったドライフードの総合栄養食」がフード選びの基本になります。

コツ1
対象年齢を確認する

フードは対象年齢によって栄養バランスが違います。愛犬の年齢に合わせて選びましょう。対象年齢は、パッケージの目立つところに記載がなくても、裏面などのラベルに必ず表示されています。

コツ2
総合栄養食を主食にする

フードは嗜好増進のための「副食」や、特定の栄養を補給する「栄養補完食」、病気の治療を目的とした「療法食」など、用途によってもさまざまな種類があります。主食は水と一緒に与えるだけでバランス良く栄養が摂れる「総合栄養食」を選びましょう。

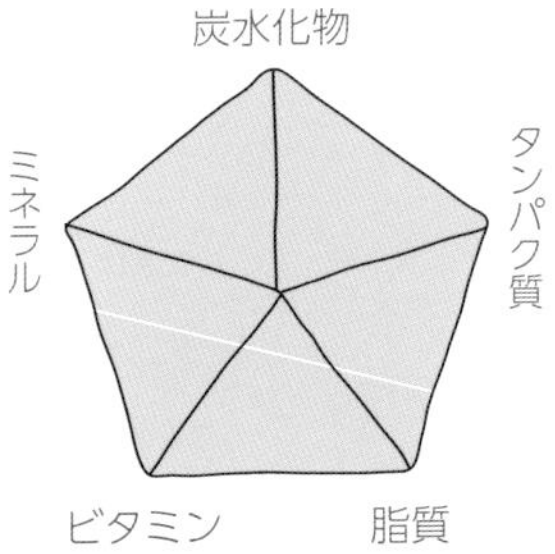

コツ3
ドライフードをメインに

ドライ、ウェット、セミモイストの違いは水分量です。保存の利くドライタイプをメインにするのが一般的ですが、便秘気味の場合は水分量の多いウェットを与える回数を増やすなど、愛犬の体調や嗜好によって与え分けられれば理想的です。

Check!

ドッグフードの表示の見方

① 対象年齢、分類をチェック

幼犬、成犬、老犬など対象年齢と、必要な栄養がバランス良く摂れる総合栄養食であることを確認

② 量の目安をチェック

1日にどれだけの量を与えればいいのかを確認。実際に与えるときは、おやつの量などを考え合わせて増減を調整する

■成犬用総合栄養食
■内容量：3kg
■与え方：成犬体重1kgあたり1日○gを目安として、1日の給与量を2回以上に分けて与えてください
■成分：粗タンパク18%以上、粗脂肪5%以上、粗繊維質5%以下、粗灰分8%以下、水分12%以下

■原材料名：糖類(とうもろこし、小麦)、肉類(ビーフ、チキン)、野菜類(ほうれん草、にんじん)、ミネラル類(P、Ca)、ビタミン類(A、B、C)、酸化防止剤(ミックストコフェロール)
■原産国：日本
■製造者：メイツフード株式会社
〒102-0082　東京都千代田区一番町22-1
■賞味期限：2012.4.20

③ 栄養バランスも念のため把握

便秘対策で水分量をどれだけ増やすかを検討するときなどはここをチェック

④ 何が入っているかを確認

愛犬に食物アレルギーがある場合、原材料に大豆やとうもろこしなどアレルゲンが含まれていないかを必ず確認する

⑤ 賞味期限は基本中の基本

おいしく食べられる目安となる賞味期限。期間内に使い切れるかどうかをチェック。ただし、開封後は賞味期限内に関わらず早めに消費を

犬ごはん
5つの基本 ④

飼い始めは〝今までのごはん〟で慣れさせる

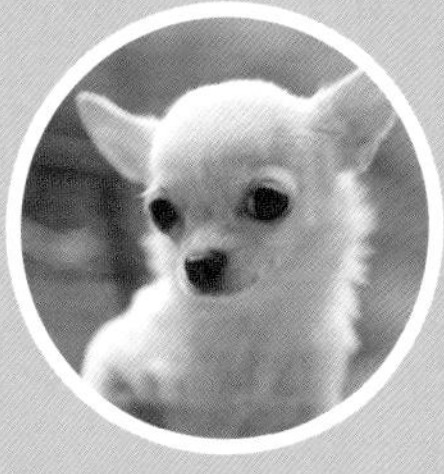

犬は、生後２ヶ月までは犬社会のルールや生活の基本を覚えるために、母犬や兄弟犬と引き離さない方が良いといわれています。

そのため、ペットショップやブリーダーから譲り受ける子犬は、ほとんどが生後２ヶ月以降で、離乳食やドッグフードを食べるようになっています。スムーズになついてもらうためには、それまでと同じごはんを同じように与えることが大切です。

コツ1
銘柄や量などを確認しておく

飼い始めたばかりの子犬は緊張気味で食欲が落ちている可能性があります。それまで与えていたフードの銘柄、量、時間、回数を確認しておき、できるだけ同じ環境で同じものを与えるようにしましょう。

フードが変わると
犬は戸惑う

コツ2
離乳食は
軟らかさや温度も調節

離乳食で大事なのは、軟らかさや温度。さらにどんなお皿に入れていたかなど、与え方も確認しておきましょう。

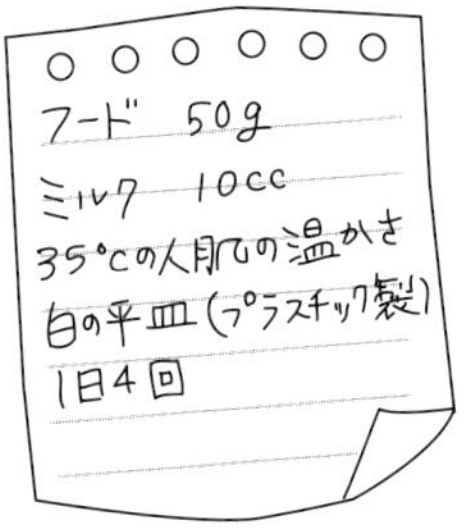

犬のキ・モ・チ

家族の仲間入りをしたばかりのときは緊張しているから、ごはんを食べさせてくれると安心できるんだ。「この人が僕のご主人様」って覚えやすいしね。

+《プラス》ワン!アドバイス

離乳時の倍くらい朝ごはんを食べるようになれば、1日2回にしてOKです。いきなりでは体内リズムが乱れてしまいますから、少しずつ2回目、4回目のごはんの量を減らしていき、やがて2回にというのがコツになります。

コツ3
生後6ヶ月を目安に回数を減らしていく

1歳までは成長期ですから、ごはんも多めに与えたいところですが、いつまでも日に4回与えていては太ってしまいます。そこで、生後6ヶ月を目安に、1日2回に切り替えましょう。

MEMO

ドッグフードの目的別分類

- **総合栄養食**　必要な栄養をバランス良く配合したフード。新鮮な水と一緒に与えるだけで健康を保てる
- **副食(おかず)**　嗜好増進のために与える
- **栄養補完食**　特定の栄養の補完やカロリー補給のために与える
- **間食**　ビーフジャーキーやソーセージなどの加工品から乾燥ささみや乾燥野菜、ビスケットやクッキーなどのお菓子まで、「おやつ」や「スナック」として販売されている。しつけのご褒美などに活用できるが、与え過ぎると肥満のもとに
- **療法食**　特定の疾病に対して食事療法のために与える

ドッグフードの種類

- **ドライタイプ**　栄養価が高く、水分は10%以下、長期保存に適している
- **ウェットタイプ**　缶詰、レトルト食品などを指す。味の良さから好む犬も多いが、水分約75%と軟らかく、このタイプばかり与えていると歯やアゴが弱くなる可能性も
- **セミモイストタイプ**　水分約30%と軟らかめで食べやすく、ドライタイプと分け与えることでバリエーションが出る

犬ごはん
5つの基本 ⑤

〝ごはんタイム〟は飼い主の都合で決める

子犬のうちから同じ場所、同じ食器で与えて、〝ごはんタイム〟のルールを覚えさせるのもしつけの一環です。

　以前は、与える時間を決めて習慣づけるのが一般的でしたが、決めてしまうとその時間に与えられなかった場合におねだりするようになります。

　あくまで飼い主の都合で与え、主従関係をはっきりとさせておくことが大切です。

コツ1
飼い主の都合のいい時間に与える

ごはんは飼い主の都合で与えるようにしてください。決めてしまうと犬の都合で家族がてんてこまいすることにもなりかねませんし、わがままに育ってしまいます。ただし、拾い食いや盗み食い予防のためにも、場所は決めた方が良いでしょう。

出かける前など飼い主の都合で与える

コツ2
2種類のごはん皿を用意する

ドッグフードや手作り、スープなどいろいろなごはんを食べさせるには、少なくともどんぶりと平皿の2種類を用意しておきましょう。

プラス ワン! アドバイス

稀にステンレスなど特定の素材にアレルギー反応を起こす犬もいます。飼い始めて1ヶ月経っても食が進まないといった場合は、食器を変えてみるのも一つです。

犬のキ・モ・チ

ドッグフードもおすそわけも僕たちにとってあまり違いはないんだよ。「自分たちと同じものをあげないとかわいそう」と思う人もたまにいるみたいだけど、そんな必要は全然ないんだ。

コツ3 安易なおすそわけは避ける

人間の食事は犬にとっては味つけが濃く、腎臓に負担をかけてしまいます。またNG食材が入っていることもありますから、おすそわけはしないようにしましょう。

一度与えるとクセになるため、初めから与えない

Check!

ごはんタイムに覚えさせたいしつけ

場所

所定の場所でごはんがもらえるということを覚えさせれば、拾い食い、盗み食い予防にもなる

待て

ごはんの匂いがした途端、興奮して飛びかかるといったクセがつかないようにコントロールする

おすわり

「おすわり」「待て」「よし」の号令で食べさせれば、しつけの反復練習になる

おかわりさせない

必要量を食べ終わって「おかわり」とねだられても無視する。これを許すとクセになる

取り合い防止

2頭以上の場合は、取り合わないようにある程度の距離を保って与える

ごはんで解消！

愛犬の健康トラブルチェックシート

愛犬の健康管理は日々の観察がなにより大切。以下の症状は体調不良のサインかもしれません。ごはんを工夫して、解消する方法を紹介しましょう。

- [ ] 食欲がない ➔1へ
- [ ] ウンチの色や硬さがいつもと違う ➔2へ
- [ ] 頻繁に水を欲しがる ➔3へ
- [ ] 下痢や嘔吐がある ➔4へ
- [ ] しきりに体をかいている ➔5へ
- [ ] 熱がある ➔6へ
- [ ] ぐったりしている、元気がない ➔7へ

食欲がないワンちゃんは

1 食欲増進メニューがおすすめ

運動不足、ごはんが合わない、慣れていない環境に緊張しているなどの理由が考えられます。ごはん皿が変わっただけで食欲をなくす犬もいますし、単にわがままのときもあります。運動量の調節や食欲増進メニューなどで、ある程度は解消できます。

食欲増進のコツは ➔ P58

ウンチの色や硬さがいつもと違うワンちゃんは

2 量の増減や内容で調節する

食べ過ぎで軟便になったり、水分が足りずに便秘気味になったりします。そんなときは食物繊維を多めに摂らせるなどの工夫をしましょう。

便秘対策のコツは ➔ P66

頻繁に水を欲しがるワンちゃんは

3 腎臓系の病気の疑いも

ドライフードや水分の少ないごはんを与えていると、水を欲しがることがあります。それでもあまりにも飲みたがる場合は腎臓系の病気の疑いがありますから、獣医に相談しましょう。

頻繁に水を欲しがる場合は P106

下痢や嘔吐があるワンちゃんは

4 ごはんの内容を確認する

そもそも犬は口や食道と同じぐらいの高さに胃腸があるため、食べたものを吐きやすいものです。下痢も血便などでない限り重病の心配はありません。しかし、NG食材などを誤食した可能性がありますから、ごはんの内容を再確認し、拾い食いをしなかったかなど、しっかりチェックしてください。

しきりに体をかいているワンちゃんは

5 皮膚トラブル対策メニューを

皮膚炎などのアレルギー症状の可能性があります。ごはんにアレルゲンとなる食材が入っていないかを確認しましょう。アレルゲンは血液検査などで調べられますから、愛犬のアレルゲンを把握しておくことが大切です。

皮膚トラブル対策のコツは P80

熱があるワンちゃんは

6 免疫力アップで病気予防

風邪などの感染症、食中毒、熱中症と原因はさまざまです。普段から誤食を防ぎ、バランスの取れたごはんを与えることが大切です。免疫力をアップして万病を予防しましょう。

免疫力アップのコツは P72

ぐったりしている、元気がないワンちゃんは

7 ごはんを変えてみるのも手

風邪や熱中症、ストレスなどが考えられます。病気でなければ、ごはんが合わないといった理由も考えられますから、フードを変えて様子を見てみましょう。

もちろん、体調不良はすべてごはんで解消できるものではありません。犬は人間の赤ちゃんと同じと考え、様子がおかしいなと思ったら早めに獣医に診てもらいましょう。

犬ごはんのポイント ①

離乳食は子犬用フードをふやかして与える

犬も人と同じように、ライフステージごとに適したごはんがあります。生後約30日間は母乳がごはんですし、生後20～30日で離乳期が始まれば、離乳期用フードや子犬用のフードを加工したものを、優しくゆっくりと与えましょう。

哺乳期や離乳期にごはんの邪魔をすると、生涯、食事中の警戒心が抜けなくなりますから、安心して授乳、または食事できる環境を心がけてください。

コツ1
子犬用フードをふやかしておかゆ状に

離乳期は少量で高カロリーを摂取できる子犬用のドライフードを、喉に詰まらせないように水かミルクでふやかして与えます。もちろん離乳期用フードでもOKですが、子犬用フードなら離乳期が終わってもそのままごはんになります。

コツ2
口の周りに塗ってなめさせる

初めはおかゆ状のフードを口の周りに塗ってなめさせます。こうするとごはんの味を覚え、2、3日もすれば浅いお皿に入れるだけで自分でなめるようになります。

プラス ワン! アドバイス

人間用の牛乳でフードをふやかすとお腹を壊す場合があります。水で薄めるか、子犬用のミルクを使うようにしましょう。飲料として与える場合も同様です。

コツ3

朝をメインに1日3、4回与える

離乳期は、１回で摂れるカロリー量が少ない割に、動き回ってカロリー消費の多い時期です。活動前の朝ごはんの量を多めにして、5時間おきに1日3、4回与えるようにしましょう。

与える時間の目安

7:00

12:00

17:00

22:00

犬のキ・モ・チ

生後6～7週間頃から、少しずつ硬いものも食べられるようになってくるワン。フードをふやかす水分量を徐々に減らしていき、2ヶ月もすれば離乳するよ。

MEMO

一般的なライフステージ区分

哺乳期　生後30日程度の母乳を飲む期間のこと。人間用の牛乳は合わないので、市販のものを与える場合は必ず幼犬用ミルクを選ぶ

離乳期　生後20～60日程度の期間を指す。離乳期用フードや子犬用フードを軟らかく加工して与える

成長期(子犬)　小型犬なら生後約50日から10ヶ月、中型犬なら生後約50日から1年、大型犬なら生後約50日から1年半、超大型犬なら生後約50日から2年程度を指す。子犬用フードを与えると同時に、ドッグフード以外の食材も与えて偏食を防止する

成犬期　成長期以降の約7年間を指す。人間でいう20～60歳ぐらいにあたり、ドッグフードから手作りまで、ごはんのバリエーションをいろいろ楽しめる時期でもある

老犬期　8歳以上を指す。市販のフードは老犬用に、手作りの習慣があれば、体調に合わせてごはんの内容を切り替える

食事と健康

犬ごはんのポイント②

いろんなものを食べさせて偏食防止

離乳後～1歳は成長期ですから、ごはんもよく食べ、体もどんどん大きくなります。三つ子の魂百までとはよくいいますが犬も同じで、この時期にいろんな種類の食べものを与えると偏食防止になり、将来的に手作りごはんやドッグカフェのメニューを楽しめるようになります。

また、この時期に拾い食いなどのクセがつくと矯正が難しくなりますから、しつけの時期ともいえます。

コツ1

子犬のうちから偏食を防止

離乳前後に食べたものがその後の好みを左右するといわれています。ドライフードだけでなく、3日に1度は缶詰やレトルトに替えてみる、肉、魚、野菜を小さく刻んだものを与えてみるなど、いろんな味を覚えさせましょう。

なんでも食べる
犬が理想的

コツ2

卵、小麦、大豆などがアレルゲンになる

いろんなものを食べさせると、苦手なものやアレルギー体質に気づくことがあります。食物アレルギーの原因となるのは、卵、小麦、そば、大豆、チーズなどです。やたらと体をかいたり、なめたりする、あるいは下痢や嘔吐などに表れます。

卵アレルギーの
犬もいる

犬のキ・モ・チ

アレルギーは成犬になってから発症したり、すぐには分からないことも多いワン。いつも体をかゆがっている、頻繁に外耳炎にかかるときなどは、食材に注意してみてほしいなぁ。

＋《プラス》ワン！アドバイス

食後の食器も早めに片づけるようにしましょう。放っておくとおもちゃにして遊び始めることがあり、それを許すと食器＝おもちゃと認識して噛んで壊したりします。

コツ3

食器からこぼれたものはすぐに片づける

子犬のうちは上手に食べられず、器からごはんをこぼしてしまうこともあります。それをそのままにしていると拾って食べるようになり、それがクセになり、成犬になっても拾い食いをするようになります。こぼしたものが清潔なら器に戻し、場合によっては片づけるようにしましょう。

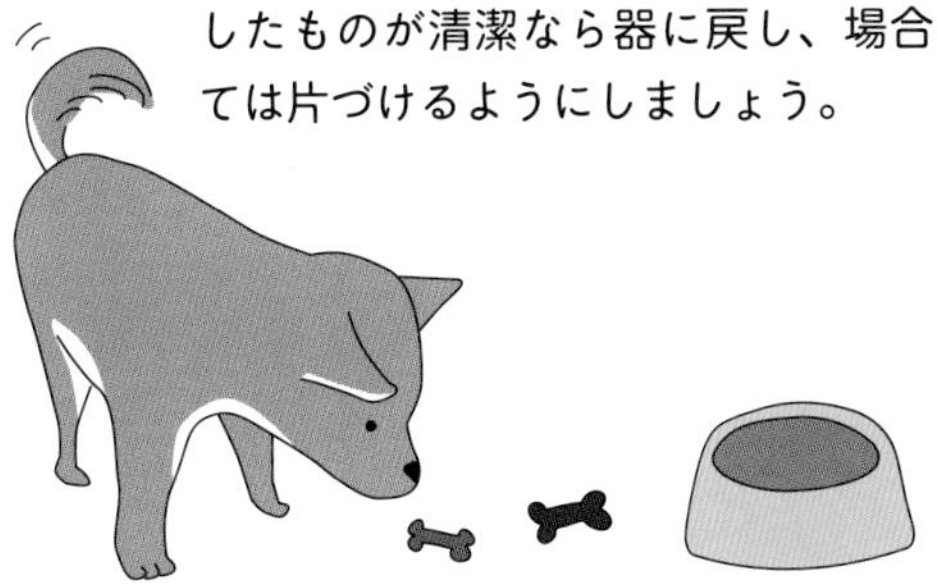

MEMO

1日に必要なカロリー量の目安

体重 (kg)	離乳期 (kcal)	成犬 (kcal)
1	274	―
5	916	441
10	1541	742
15	2088	1006
20	2591	1248
25	3063	1476
30	3512	1692
35	3943	1899
40	4358	2100
50	―	2482
60	―	2846
70	―	3194
80	―	3531

※環境省「飼い主のためのペットフード・ガイドライン」を基に作成

★ 子犬に必要なカロリーは成犬の約２倍。
そのため、子犬用フードはカロリー高めに作られています。

食事と健康

犬ごはんのポイント ③

体重測定と体型で量を決める

成長期はすくすく育ち、体重も増加していくものですが、やはり適正体重というのがあります。頻繁に増減するというのも感心しません。定期的に体重測定をして、一定の体重を保つようにしてください。

また、健康管理のバロメーターの一つにウンチの色と硬さがあります。

ごはんが適量なら、ウンチは茶色く、片づけようとしても崩れない硬さになります。

コツ1
定期的な体重測定で健康管理

体重管理をしておけば、物足りなさそうにしていても、これ以上もうあげなくていいという判断ができます。あまりに急激に太った、あるいは痩せ細ったという場合には病気の疑いもあります。様子を見て早めに獣医に相談してください。

一定の体重を保つようにする

コツ2
お腹に触って肥満度をチェック

外見で肋骨や骨盤が見えるのは痩せ過ぎ、でっぷりと脂肪に覆われ、肋骨が触れないのは太り過ぎです。理想の体型は、ふっくらとしたお腹を軽く押さえると肋骨が触れる程度です。

プラス ワン! アドバイス

人間にも小食や大食漢がいるように個体差がありますから、毎日の食べっぷりの観察や体型、体重測定を基準に与えるようにしてください。

犬のキ・モ・チ

ウンチはごはんの量だけじゃなくて、体調不良が表れることも多いんだワン。毎日観察してサインを読み取ってくれると嬉しいな。

コツ3
ウンチの状態を毎日チェックする

ガツガツ食べるのはそれだけお腹が空いている証拠。人と同じで早食いは便が硬くなりがちで、便秘の原因にもなります。その場合は量を増やし、逆に軟便なら食べ過ぎですから減らすようにしましょう。

健康ウンチは
茶色く適度な硬さ

Check!

ウンチチェックで健康管理

茶色く、片づけるときに崩れない硬さ	健康なウンチ。問題なし
コロコロと硬く、毎日排泄しない	便秘気味。ごはんの量を増やす、水分を増やす、食物繊維を摂るなどの対応を
軟らかくてすぐに崩れる	下痢気味。2、3日様子を見てごはんの量を減らす、フード・食材を変えるなどの対応を
黄色くドロッとしている	感染症の恐れアリ。獣医に相談を
血便が出る	誤食、内臓の病気の恐れアリ。すぐに病院へ！
その他、いつもと違う色や硬さ	病気の恐れアリ。続くようなら獣医に相談を

犬ごはんのポイント④

夏はタンパク質と水分をしっかり補給

地域や犬種によって差がありますが、暑い夏場は犬もバテて食欲低下気味になることがあります。

　体力を落とさないためには、消化が良く、タンパク質をしっかり摂れるごはんを与えることです。

　また、散歩の時間を長めにするなどして空腹感を覚えさせることも大切です。脱水症状にならないよう水分補給も忘れずに。

コツ1
ささみや豆腐でタンパク質を効率よく摂取する

ささみは高タンパクで低脂肪ですし、豆腐も高タンパクかつ消化の良い食材です。エネルギー源としてそうめんなどもGOODです。

消化に良い
そうめんも○

コツ2
水分もしっかり補給する

愛犬がいつでも水分補給できるように、飲み水用のお皿やボウルに水を切らさないようにしてください。

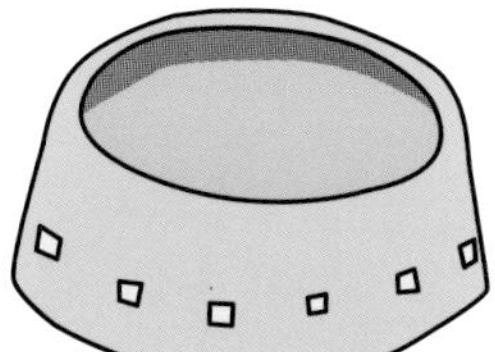
水飲みボウルに
水を切らさない

犬のキ・モ・チ

ドライフードだと、特に喉が渇くんだ。いつもより多めに水を用意してね。

+《プラス》ワン! アドバイス

犬は暑さに弱い動物です。真夏の散歩は熱中症の心配がありますから、日中は避けましょう。また、屋外で飼っている場合は、ハウスを涼しい場所に移動するなど工夫してあげましょう。

コツ3 散歩を増やして食欲増進を図る

暑いからとハウスに閉じこもっていては食欲は落ちる一方です。早朝や夕方など涼しい時間帯にしっかり散歩すればお腹も空きます。もちろん、水筒を忘れずに。

早朝の散歩で
体も心も健康に

Check!

夏のおすすめ食材

ささみ
タンパク質たっぷり

鶏肉
高タンパクでエネルギー補給にもぴったり

卵
良質なタンパク源になる

鮭
タンパク質豊富で消化も良い

豆腐
高タンパクかつ消化に良い

トマト
旬の野菜であり、水分補給にぴったり

きゅうり
旬野菜。新陳代謝を促す利尿作用も

すいか
水分補給でき、おやつにぴったり。利尿効果も高い

メロン
水分と食物繊維が豊富

そうめん
食べやすく消化に良い

食事と健康

犬ごはんのポイント ⑤

冬はカロリー高めのごはんに切り替え

寒い冬は体温を維持するため、夏より多くのエネルギーが必要です。カロリーの高いフードや食材に切り替えるなど、エネルギー補給をしてください。ここで気になるのが肥満。カロリーの高いものを与えたら散歩を欠かさない、あるいは距離を長くしてあげてください。

　それでも体重が気になるようなら、暖房の利いた室内で飼う、ケージを暖かい場所に移すなど工夫すれば、ごはんでカロリーアップをしなくてもＯＫです。

コツ1

ごはんを増やしたら散歩も長めに

エネルギー補給でフードの量を多めにしたら、欠かせないのが散歩です。寒さに弱い犬種の場合は服を着せるなど温かくして出かけましょう。

防寒して
出かける

コツ2

高カロリー食材を選ぶ

手作りなら、量を増やさずに肉類、チーズなどカロリー高めの食材を選んで与えられるというメリットがあります。

お肉で
エネルギー補給

＋ワン！アドバイス

エネルギー源には肉類がおすすめ。中でもラム肉は体を温める効果があり、血行を促して消化を良くするといわれています。

コツ3
野菜は熱を通してから与える

野菜は生より温野菜の方が消化吸収しやすくなります。白菜や大根、かぶなど季節の野菜を湯通ししてから与えれば、体も温まります。

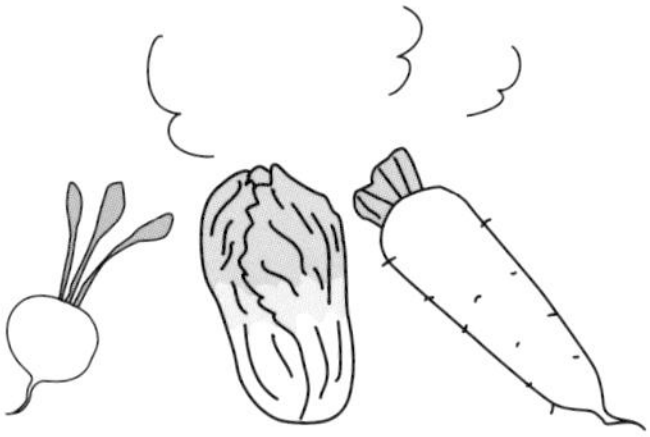

温野菜を与える

コツ4
おやつで水分を補給する

冬は水を飲む回数も減りがちです。おやつに鶏がらスープやホットミルクなどを与えて、水分補給するのもおすすめです。スープ類はいっぺんに作って取り置きしておけば手間も少なくてすみます。

スープで
水分補給を

Check!

冬のおすすめ食材

牛肉
エネルギー源にぴったり

鶏肉
エネルギー＆栄養補給に

ラム肉
体を温め、消化に良い。鉄分も豊富

鮭
良質なタンパク質と脂質が摂れる

タラ
ビタミンDが豊富な旬の魚

大根
旬の野菜で消化に良い

白菜
風邪予防になるビタミンCが豊富

かぶ
食物繊維たっぷり

ブロッコリー
ビタミン豊富な旬野菜

りんご
腸の調子を整える。芯や種、皮は取り除くこと

みかん
ビタミンと水分補給に

犬ごはんのポイント 6

組み合わせでメニューに変化をつける

忙しいとどうしても「いつものフード」を与えて終わりになりがちです。手間をかけなくとも、たまにはフードの組み合わせで飽きのこないメニューを考えてあげましょう。

ドッグフードと一口にいってもドライ、ウェットなどさまざまなタイプがあり、同じドライフードでも商品によって味や形、食感はそれぞれ違います。

常に2、3種類のフードを用意し、毎食ローテーションにしたり、組み合わせてみたりするだけでも愛犬は喜びます。

コツ1 給与量の近いドライフードをミックスする

ビーフ味、チキン味、サーモン味、カリカリタイプ、ソフトタイプなど違う種類のドライフードを2、3種類混ぜるだけでもバリエーションが出ます。同じぐらいの給与量のものなら、目分量を同じにすれば混ぜてもカロリーはそれほど変わりません。

いろんなタイプをミックス

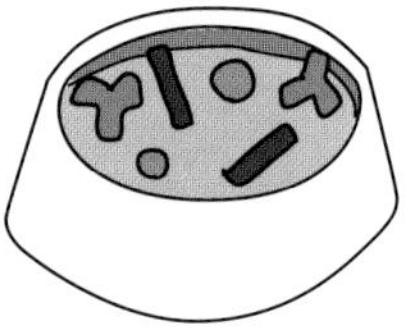

コツ2 ドライを減らしてセミモイストを追加する

主食のドライフードに、軟らかく食べやすいセミモイストフードをミックスするだけで、思いのほか愛犬は喜ぶものです。ただし、セミモイストはカロリー高めのものが多いため、ドライの量を減らすのを忘れずに。

プラスワン! アドバイス

カリカリとして歯石・歯垢予防になるドライフードと、水分量の多いウェットフードを組み合わせれば、お互いの欠点を補い合います。

犬のキ・モ・チ

ウェットフードはカロリーが高そうと敬遠する人もいるけど、最近は油脂分控えめのヘルシーなものも出ているから、たまには食べさせてほしいな。

コツ3 ドライとウェットを組み合わせる

チキン味のドライフードに野菜系のウェットフードを乗せれば、味に変化がつき、適度な水分も摂れます。朝・夕でドライ、ウェットを与え分けるのも一案です。

MEMO

いろいろなフードの組み合わせ例

ドライ(カリカリタイプ)&ドライ(ソフトタイプ)	味や食感の違うものを組み合わせて変化をつける
ドライ(水分約10%)&ウェット(水分約75%)	味の良いウェットを組み合わせると食欲増進や水分補給になる
ドライ(水分約10%)&セミモイスト(水分約30%)	ドライが主食なら、たまに軟らかくておいしいセミモイストを与えるだけでも喜ぶ
セミモイスト&ウェット	軟らかく食べやすい組み合わせは大好きなパターン。ただし、カロリーオーバーに注意
ウェット&ウェット	肉系の缶詰と野菜系のレトルトなどの組み合わせで手作り風に近づける

犬ごはんのポイント ⑦

ドリンクでバリエーションを増やす

ごはんと一緒に与える飲み水を、別のものに変えるだけでも見栄えが変わるものです。

無調整豆乳やミルク、天然野菜ジュースなどは栄養補完にもなりますし、冬は温かいスープ、夏はスポーツドリンクなどで水分を摂るのもいいでしょう。

ただし、人間用のものは味が濃過ぎますから、ぬるめの水で薄めてから与えるようにしてください。

コツ1
栄養たっぷりの豆乳やミルクを与える

良質なタンパク質が摂れる豆乳やカルシウムたっぷりのミルク(ヤギミルクもOK)は、十分な栄養源になります。ただし、大豆や牛乳にアレルギーのある犬もいますので要注意。

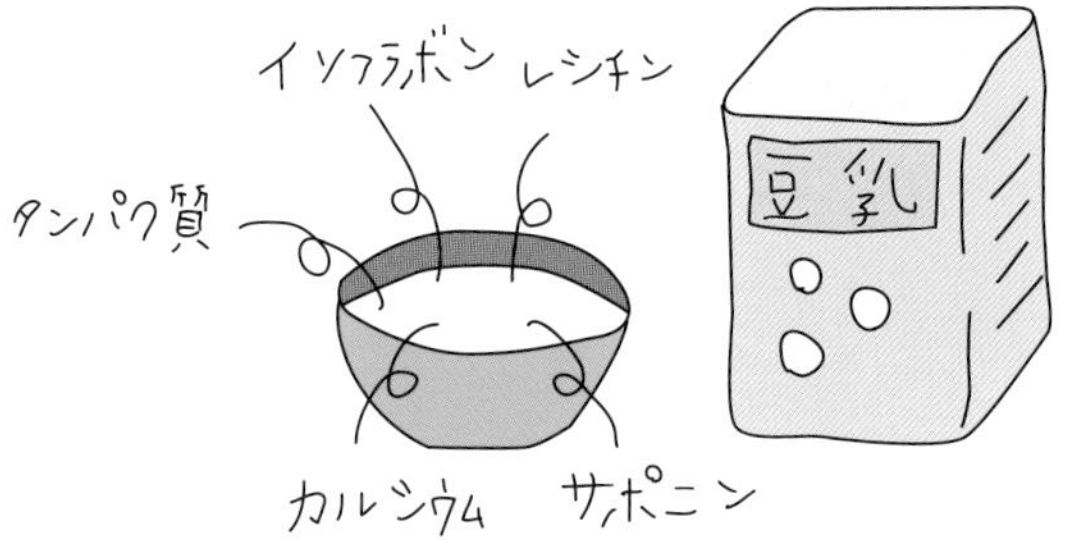

コツ2
100%無糖のジュースを選ぶ

りんご、ももなど、犬が食べてもいい食材のジュースは与えてもOKですが、人間用のものは糖分が高く、肥満のもとになります。無糖のものを与えるようにしましょう。

犬のキ・モ・チ

ジュース類はミキサーで作ってくれたのが一番体にいいんだワン。砂糖や添加物が入っていないからね。でもそれって贅沢かなぁ。

コツ3
スポーツドリンクでエネルギー補給を

夏バテ気味で食欲がないときなどは、スポーツドリンクでカロリー補給するのも手です。そのままでは糖分が高いので、水で薄めるのをお忘れなく。

＋《プラス》ワン! アドバイス

人間と同じで冷たいものばかり飲んでいるとお腹を壊すことがあります。飲みものは夏でもなるべく常温で与えるようにしましょう。

暑い日は水分補給を欠かさずに

Check!

注意が必要な飲みもの

×…絶対に与えてはいけない　△…個体差があるが与えない方が良い

×アルコール類
急性アルコール中毒になる危険性アリ

×炭酸飲料
糖分や添加物過多で健康を害する恐れアリ

×コーヒー
カフェインが下痢や嘔吐を引き起こす。重傷だと死ぬ場合も

×お茶類
緑茶、紅茶、ほうじ茶、麦茶などいずれもカフェインが含まれるのでNG

×タマネギ入りスープ
どんなスープでもタマネギやそのエキスが入っているものはNG

△氷水
冷やし過ぎた水はお腹を壊す可能性アリ

△豆乳、牛乳
大豆や牛乳にアレルギーがある犬にはNG

食事と健康

犬ごはんのポイント ⑧

市販フードにプラスワンでバランスアップ

ビーフジャーキーやソーセージ、肉類の缶詰は犬の大好物。しかし、それだけでは栄養バランスが心配です。そこで、手元にある食材をプラスしてバランスアップを図ってみましょう。

ただし、総合栄養食のフードになんでもかんでもプラスしてしまうと、計算された栄養バランスが狂ってしまい、かえって体調不良や肥満の原因になることがあります。緑黄色野菜などを上手に組み合わせましょう。

コツ1

ビーフジャーキーに野菜をプラスする

ビーフジャーキーやソーセージ、肉類の缶詰などにプラスして、にんじんやきゅうり、大根、もやし、キャベツなどを細かく切り、湯通しして与えればビタミンが補給できます。

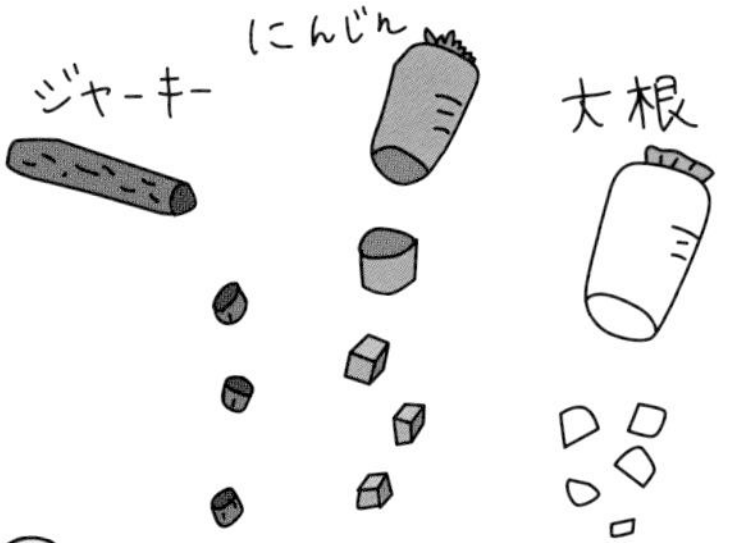

コツ2

野菜チップスと豆腐でしっかりごはんに

おやつとして売っている乾燥野菜は、良質なタンパク質源となる豆腐と組み合わせれば、立派なごはんになります。

プラスワン! アドバイス

ビスケットやパンに、野菜ジュースや果物を合わせるのもビタミンアップになります。

コツ4
余りものの野菜は すかさずジュースに

ジュースやペーストを作るには、ミキサーやフードプロセッサーが便利です。余った野菜を無糖ジュースにしておけば、いつでも“プラスワン食材”になります。

ミキサーにかける

コツ3
ビスケットに レバーペーストを塗る

ビスケットやパンにレバーペーストを塗れば、タンパク質や鉄分の摂れる栄養価の高いごはんに早変わり。

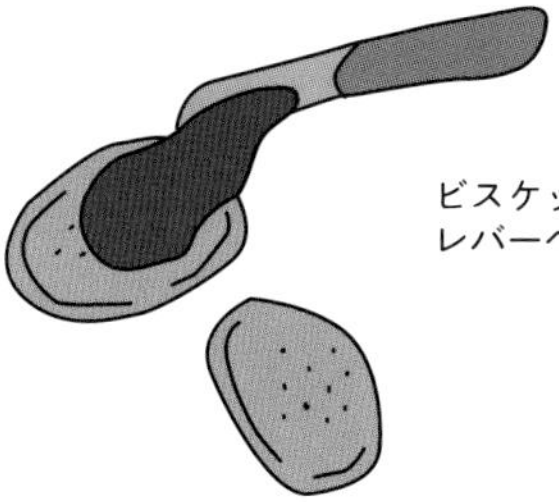
ビスケットにレバーペーストを塗る

Point

便利なフードプロセッサー活用術

野菜&果物ジュースを作る
NG食材以外の余った野菜や果物は、とりあえずミックスジュースに

ペーストにする
肉類や野菜など、なんでもペースト状にしてビスケット類と合わせよう。
余ったら密閉容器やビニールパックに入れて冷凍保存を

みじん切りにする
にんじんやキャベツなどが、あっという間にみじん切りに。
これなら手作りごはんもカンタン

おろす
トッピング用の大根おろしやにんじんおろしが手軽に作れる

ふりかけを作る
乾燥野菜や海藻類、ごま、大豆、にぼしなどで、栄養たっぷりの
万能ふりかけを作り置き

食事と健康

犬ごはんのポイント 9

ドライフードは常温保存、それ以外は冷凍に

ドッグフードの保管は高温多湿を避け、未開封なら賞味期限内に、開封後はできるだけ早めに消費するようにしましょう。

ただし、ドライフードは冷蔵庫での保管に適していません。出し入れする際の温度差で結露が発生し、カビや劣化が進みやすくなります。

ウェットフードや手作りごはんは、冷凍すればある程度は保存が利きます。

コツ1 量が少なくなったら密閉容器に移し替えを

ドライフードは戸棚や床下倉庫など直射日光が当たらず温度変化の少ない場所に保管し、量が少なくなったら密閉容器に移し変えると酸化を抑えられます。

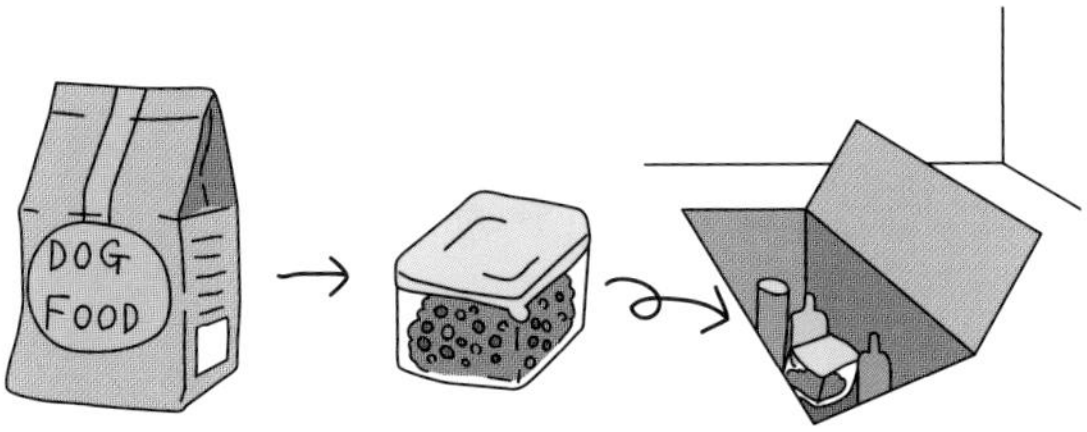

コツ2 余ったウェットフードや手作りごはんは冷凍に

缶詰やレトルト、手作りごはんの余りは、空気が入らないようにラップでしっかりくるんで冷凍保存すれば日持ちします。

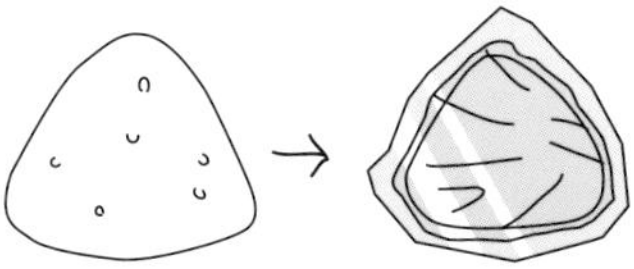

ラップに包んで冷凍

プラス ワン! アドバイス

保存料の中には、BHA、BHTなどあまり体に優しくないといわれるものもあります。気になる方は保存料についてホームページで調べる、あるいは不使用のフードを選びましょう。

コツ3

すぐに使える冷凍食材を準備しておく

肉や魚、野菜類を小分けにし、ビニールパックや密閉容器に入れて冷凍保存しておけば、手作りごはんの準備も楽チンです。

犬用と分かるようにしておくこと

コツ4

収納しやすい形で保存する

薄切りにした食材をビニールパックに平らに詰めれば、収納も省スペースです。

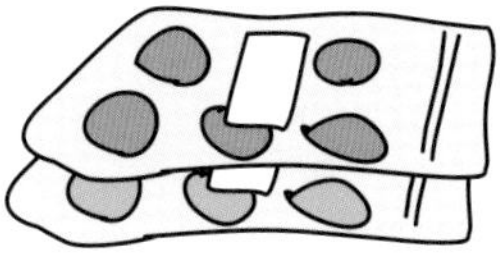

平らに積めば場所をとらない

Point

すぐに使える冷凍保存のコツ

肉類

調理前の状態で一口大に切り分け冷凍。解凍後、そのまま与えてOK

魚の切り身

調理前の状態で１食分ずつ切り分け、骨を取り除いてから冷凍。解凍後、そのまま与えてOK

小松菜、ブロッコリー など

食べやすい大きさに切り分け、さっとゆでた後、水気を切って冷凍。解凍後、そのまま料理に加えてOK

かぼちゃ、にんじん、いも類 など

食べやすい大きさに切り分けて冷凍。生でも冷凍できるが、火を通しておくと後がラクに

ごはんもの

おにぎりにして冷凍

スープ類

１食分ずつ小さめの密閉容器やビニールパックに入れて冷凍。解凍後そのまま与えてOK

食事と健康

犬ごはんのポイント⑩

サプリメントで栄養を補完する

犬用サプリメントには、マルチビタミンやマルチミネラルといった栄養補完のためのものから、特定の体質改善、疾病対策用などさまざまです。

　そのバリエーションの豊かさに、思わずあれもこれもと試してみたくなる人も多いようですが、過剰な補給はかえって栄養バランスを崩してしまいます。愛犬に何が必要なのか、よく考えて選ぶようにしましょう。

コツ1

偏食から足りない栄養を考える

野菜嫌いの愛犬に無理に食べさせるのは気が進まないというならマルチビタミン、乳製品にアレルギーがあるならカルシウムといった具合に、偏食気味の愛犬に足りない栄養素を補完するのに便利です。

コツ2

ダイエットや皮膚病改善など特定の目的で与える

ダイエットや皮膚病改善といった特定の目的のサプリメントは、手作りのダイエットメニュー、皮膚トラブル対策メニューなどに混ぜると効果的です。

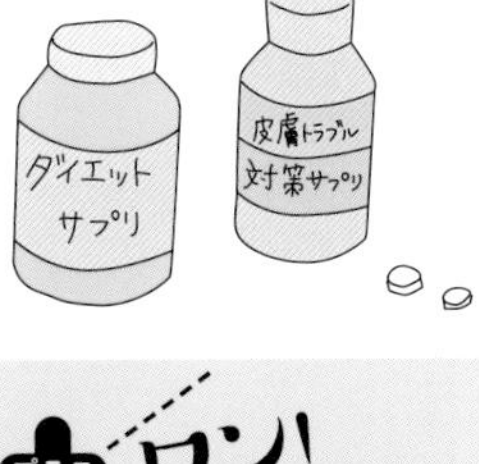

プラス ワン! アドバイス

薬や療法食と併用する場合は、必ずかかりつけの獣医に相談してから与えるようにしてください。

犬のキ・モ・チ

サプリには錠剤、カプセル、粉末などがあるけど、粉末だとごはんに混ざっていても全然気にならないヨ。

コツ3
老犬にはEPAやDHAを消化の良いごはんに混ぜて

アンチエイジングには認知症やがん予防に効果大といわれるEPAやDHAが良いとされています。老化が進むと胃腸が弱くなり、吸収力が落ちますから、消化の良いごはんと一緒に与えるのがベストです。

粉末のサプリメントを
ごはんに混ぜて老化防止

MEMO

サプリメントの主な種類

マルチビタミン・ミネラル系
犬に必要なビタミンやミネラルがバランス良く配合されたベーシックサプリ。好き嫌いの多い愛犬の栄養補完に

老化防止系
EPAやDHA、コエンザイムQ10などが配合され、がんや血栓症、認知症など老犬に心配な症状を予防する

ダイエット系
脂肪の代謝を活性化させるカルニチンなどが配合。肥満対策に活用

免疫力アップ系
アガリスクやEPA、DHAなどが配合。体を強くして成人病予防に

眼病予防系
目の病気を予防するためのルテインなどが配合。視力低下、眼精疲労、眼病予防に

皮膚トラブル対策系
ビオチンやビタミンが配合。アレルギーやアトピー性の皮膚疾患対策として

関節痛改善系
グルコサミンなどが配合。関節系疾患のある犬に

心臓・肝臓機能改善系
カルニチンやコエンザイムQ10などが配合

犬ごはんのポイント⑪

おやつを与えるなら主食を減らす

愛犬の喜びように、ついおやつをあげ過ぎてはいませんか？　ごはんでカロリーを気にしていても、おやつで台無しというのはよくあることです。ちょっとあげ過ぎたなと思ったら、そのぶんごはんを減らすなど調節をしてください。

おやつはしつけのご褒美アイテムとして欠かせないものですから、効果的なタイミングで与えるようにしましょう。

コツ1

お米や肉の脂身を減らして調節する

おやつのためにごはんを減らすなら、カロリーの高い炭水化物や脂質、すなわちお米や肉の脂身などを減らすようにしましょう。

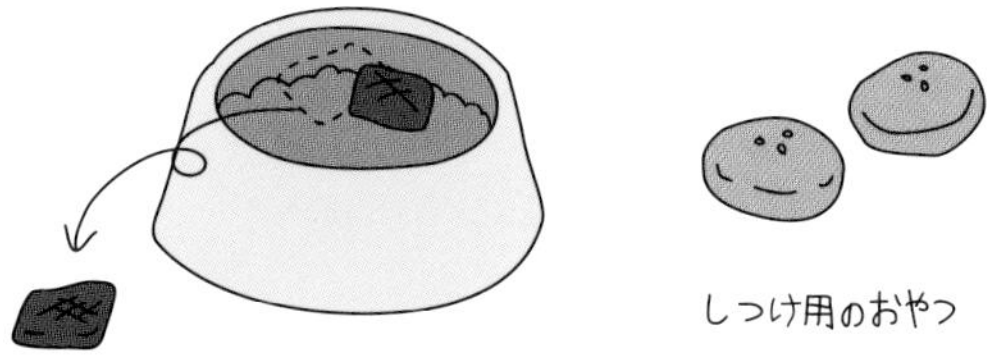

コツ2

ごはんのメニューでおやつを決める

フードやごはんが肉系なら、おやつは野菜や果物のカットにするなど、メニューに合わせておやつを決めれば栄養の偏りを防げます。

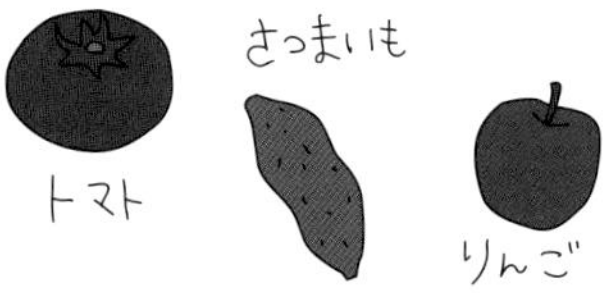

＋（プラス）ワン！アドバイス

おやつは本来、与えなくてもいいものです。しつけに必要なら、1日に必要なカロリーの20％以内に抑えるのが理想的です。肥満が気になるときは10％以内を意識するといいでしょう。

コツ3

効果的なタイミングで与える

留守番させたいときや来客時にきちんといいつけを守れたら、ご褒美としておやつというのが効果的です。

留守番のご褒美としておやつを与える

犬のキ・モ・チ

おやつは吠えちゃいけないときにくれることが多いみたい。確かにおやつをもらうと嬉しくて夢中になっちゃうからな〜。

Check!

おやつのカロリーの目安

- きゅうりスティック1本……………3〜4kcal
- ビーフジャーキー1本……………7kcal
- りんご1切れ……………10kcal
- 犬用クッキー1枚……………15kcal
- 犬用ボーロ10粒……………20kcal
- 犬用チーズ3個……………35kcal
- 魚肉ソーセージ1本……………50kcal

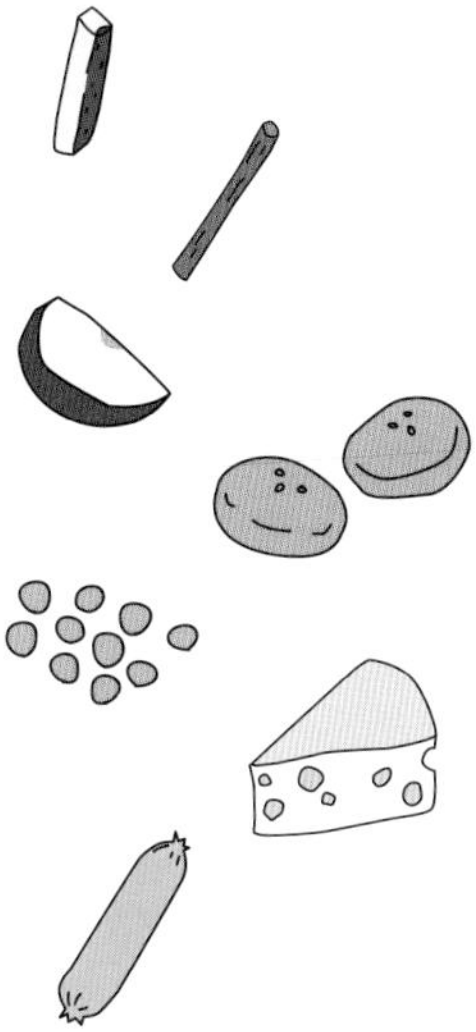

★ カロリーはあくまで目安にして、愛犬の体調や体型で判断して、調節してください。

食事と健康

犬ごはんのポイント⑫

妊娠中は子犬用フードで栄養を補給

妊娠中の犬は多くのエネルギーを必要としますから、フードの量を増やす、栄養価の高いごはんに切り替えるなどして、エネルギー補給を図ってください。出産後も赤ちゃん犬に母乳をあげなくてはなりませんから、栄養たっぷりのごはんでしっかり体力をつけたいところです。

また、妊娠～出産期間は食欲が落ちたり、偏食になったりと不安定になりがちなので、いつも以上に観察してみてください。

コツ1

子犬用フードで栄養を補給する

効率良くエネルギー補給するために、高カロリーで栄養バランスの調整された妊娠・授乳期用フードがあります。また、子犬用フードも発育用だけに栄養価が高く作られています。やがては子犬と兼用できますから経済的ともいえます。

栄養価の高い
子犬用フードを共有

コツ2

飲み水をミルクに切り替える

妊娠～授乳期間中は特にカルシウムが必要です。飲み水をミルクに変える、おやつをチーズにするなどカルシウム摂取を心がけましょう。

チーズやミルクで
カルシウムを

プラス ワン! アドバイス

サプリメントなどでカルシウムだけを摂取すると、栄養バランスを崩してしまうことがあります。ごはんで無理なく摂れるように配慮しましょう。

コツ3
ひじきやにぼしでバランスよく

カルシウムが豊富なひじきやにぼしには、骨を作るのに欠かせないリンや鉄分も多く含まれます。妊娠期に積極的に与えたい食材です。

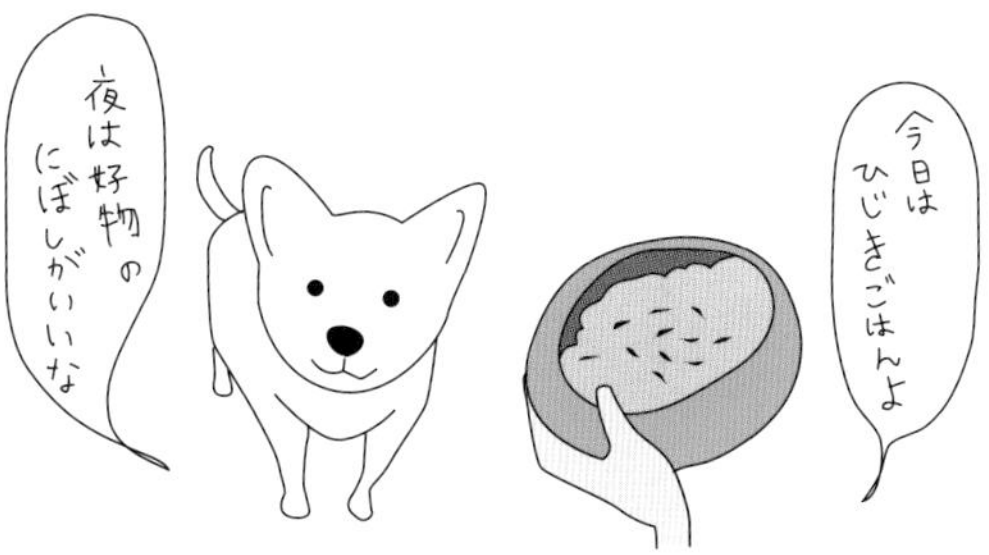

コツ4
散歩は様子を見ながら

妊娠犬にもストレス解消のための適度な運動が必要です。お腹が大きいからと完全に散歩をやめるのではなく、様子を見て適度に連れ出してあげましょう。

犬のキ・モ・チ

妊娠すると、食欲が落ちる犬もいるわ。でも、体力は必要だからごはんを何回かに分けてもらえると嬉しいなぁ。

MEMO

一般的な妊娠期間の流れ

犬の妊娠期間は約2ヶ月。5週目頃から胎児の成長が著しくなり、最後の1週間(8週目頃)でスパートがかかります。その間、母犬には通常の2～6割増しのごはんが必要になります。さらに出産後の授乳期は、赤ちゃん犬の数にもよりますが、通常の約2倍のエネルギーを必要とします。この期間のごはんはたっぷりと用意し、赤ちゃん犬が離乳する2ヶ月後を目安に、徐々に元の量に戻していきましょう。

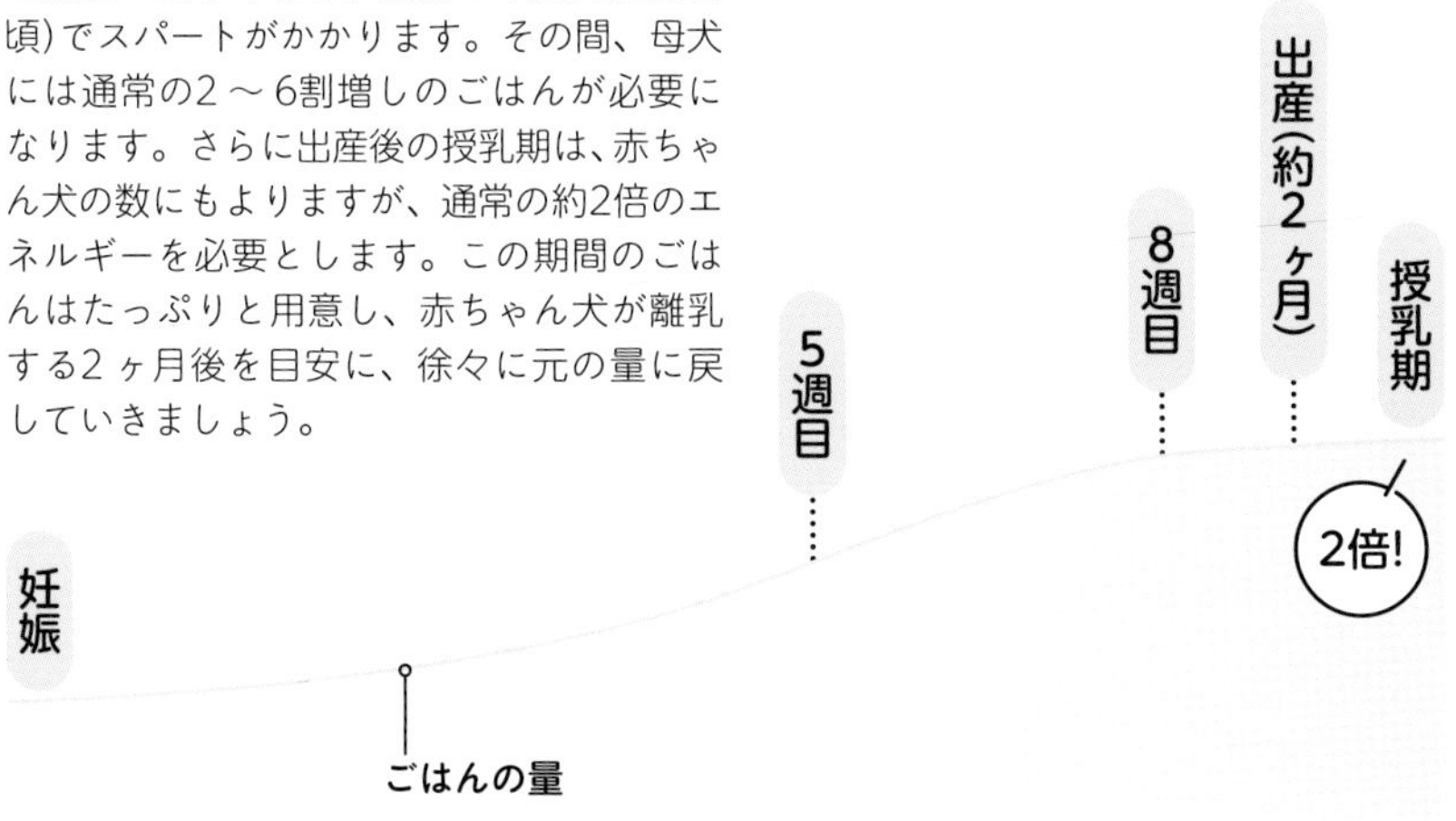

食事と健康

犬ごはんのポイント⑬

老犬には低カロリーで消化の良いものを

老犬になると体が弱くなり、食事や排便もうまくできなくなってきます。いつまでも元気に長生きしてもらうには、ごはんも体調に合わせてあげるようにしましょう。

胃腸や肝臓の機能が低下すれば、消化吸収力も落ちますから消化の良いごはんを、また運動量が減ったらカロリーを控えめにします。排便に苦労するようなら、水分や食物繊維を効率よく与えましょう。

コツ1

少しずつ老犬用フードに切り替える

老犬だからといって、いきなりフードを変えると食欲不振になったりします。それまでのフードに少しずつ老犬用を混ぜ、だんだんとその量を増やしていくようにしましょう。

フードの切り替えは徐々に

コツ2

水分や食物繊維を摂って排便をスムーズに

排便が難しくなったら、水分の多いウェットフードの回数を増やす、根菜や海藻など食物繊維の豊富な食材を積極的に取り入れるなどの工夫を。

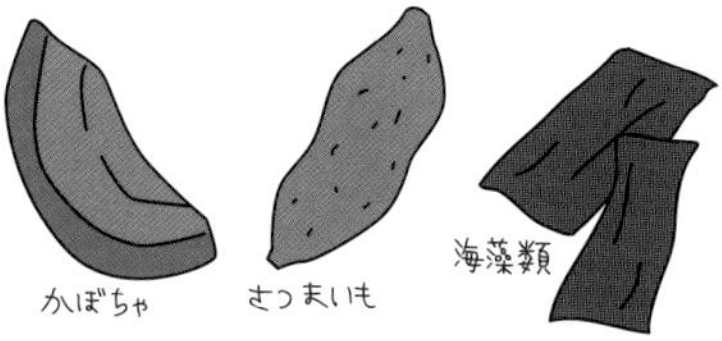

+《プラス》ワン！アドバイス

老犬用フードをスープやミルクでふやかせば、軟らかくて食べやすくなり、水分補給もできて一石二鳥です。

コツ3
量を減らして回数を増やす

一度に食べられる量が減ってきたら、1回の量を減らして、そのぶん回数を増やすなど、無理なく食べられるように工夫しましょう。また、散歩の距離も短くするなど体調に合わせて調整します。

台に乗せるなど
食べやすくする工夫を

犬のキ・モ・チ

年を取ると体をかがめるのも一苦労。ごはん皿を少し高い位置に置いてくれるだけでも、足や腰がとってもラクなんじゃ。

Check!

愛犬の老化のサインを見逃さない

- 耳が遠くなった
- よくぶつかるなど目が見えづらくなったようだ
- 食欲が落ちてきた
- あまり吠えなくなった
- 自力での排便が難しくなった
- 来客など周囲への反応が鈍くなった
- 毛に白髪が交じっている
- 毛ヅヤが落ちてきた
- 全体的に動きが鈍くなった

食事と健康

犬ごはんのポイント⑭

手作りごはんで絆を深める

愛犬も家族の一員ですから、ときには手作りしてあげたいと思う方も多いでしょう。まずは簡単なメニューから始め、慣れたら愛犬の体質・体調に合わせたものに挑戦してみましょう。

手作りの良さは、素材を自分で選べること。いろんな食材を使って愛犬の好物を探すのもまた楽しいものです。

もちろん、犬にとって飼い主の手作りごはんはかけがえのないプレゼント。絆が深まること間違いなしです。

コツ1

彩り良く食材を選ぶ

栄養素をいちいち計算するのは面倒ですが、トマトやにんじんの赤、お肉のピンク、お米や豆腐の白、ほうれん草やブロッコリーの緑と、彩り良く食材を選べば、自然と幅広く栄養が摂れるものです。

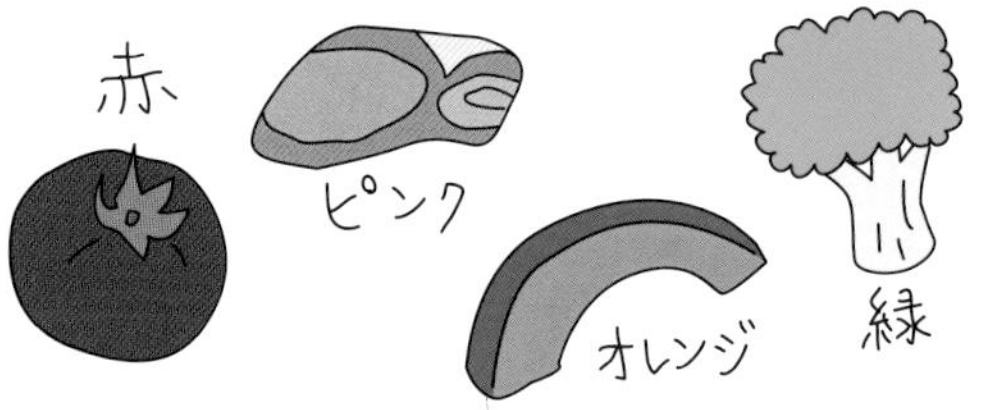

コツ2

愛犬の好物を見つける

いろいろな食材、メニューを与えていると、愛犬の好物が分かってきます。好物を把握すれば、しつけのご褒美などに活用できます。

プラス ワン! アドバイス

せっかく手作りするなら、体に良い無添加・無農薬食材を意識して選んでみてください。

犬のキ・モ・チ

出来たての熱いスープやみそ汁は水で薄めてくれれば、ちょうどよい温度になって食べやすいワン。

コツ3
みそ汁やスープはお湯割りにする

人間の残りをそのままおすそわけするのは禁物ですが、汁ものはお湯割りにすれば与えてもOKです。

猫舌の犬には
ぬるめの温度にしてから

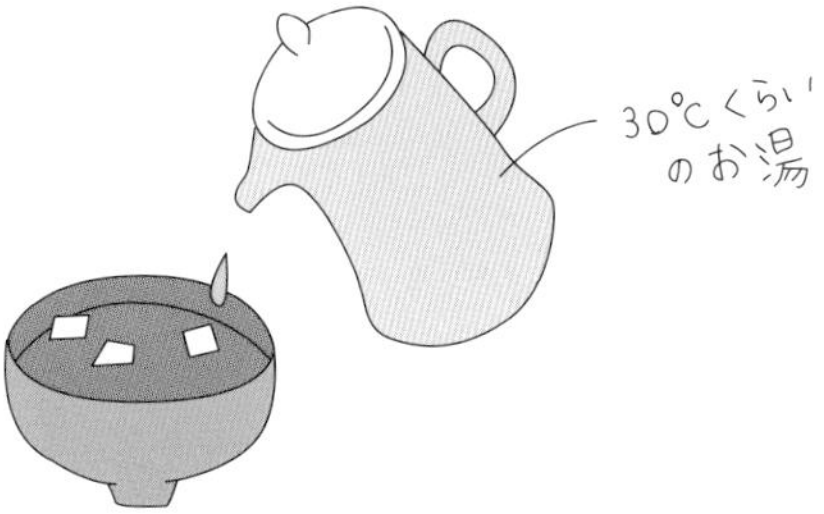

Point

手作りごはん初心者のための基本5ヶ条

その1

毎日作ろうと思わない

「気が向いたときに気が向いたものを」の精神で気楽に取り組む。義務感を持たないことが長続きの秘訣

その2

ありモノで作る

自宅にある食材、残ったものでできる簡単なものを作る。買い出しに出かけてまで作ろうとすると負担になる

その3

豪華なものより、飼い主の気持ちに喜ぶと心得る

犬にとっては豪華な料理もフードもそれほど違いはない。愛情を込めて作る気持ちがなによりのプレゼント

その4

カロリーや栄養成分を気にし過ぎない

カロリーや栄養素の数字を難しく考え過ぎず、体型や体調を見て調節すればいい

その5

人の食事と同じ考え方でいい

栄養バランスの取り方は人の食事と同じ。「数種類の品目を彩り良く」と覚える

犬ごはんのポイント⑮

〝かけるだけ〟のおじやから始める

犬は雑食ですから、肉も魚も野菜もごはんも与えれば喜んでたいらげてしまいます。もちろん、ドッグフードが続いたとしても気にしませんが、喜んで食べる姿を見たらちょっとは手をかけてあげたくなるものです。

中には犬用のごはんはなにかとNGがあって難しいと引いている人もいますが、ちょっとの工夫で愛犬が大喜びするごはんができます。気楽に手作りにチャレンジしてみましょう。

コツ1

ぶっかけごはんを作る

手っ取り早いのは、お湯で薄めたスープやみそ汁をごはんにかけるだけのいわゆる“おじや”。これだけで十分、１食になります。

みそ汁をかけるだけ！

コツ2

ゆで野菜やサラダを作る

野菜は基本的に味つけしなくてもパクパク食べます。かぼちゃ、にんじん、いも類はゆで、キャベツやレタス、きゅうりも軽く湯通ししてあげると安心です。

野菜は湯通しする

犬のキ・モ・チ

フードしか食べたことのない犬に、急に手作りを出すと胃腸がびっくりするんだ。初めは軟便になるけど、だんだん元に戻るから安心して。

+《プラス》ワン!アドバイス

おかず用フードやジャーキーに、こま切れにしたゆで野菜を組み合わせるだけでもご馳走になります。

コツ3
手作りと市販を使い分ける

平日は市販のフード、休日だけ手作りといったように、無理のないスケジュールを立てるのも、長続きの秘訣です。

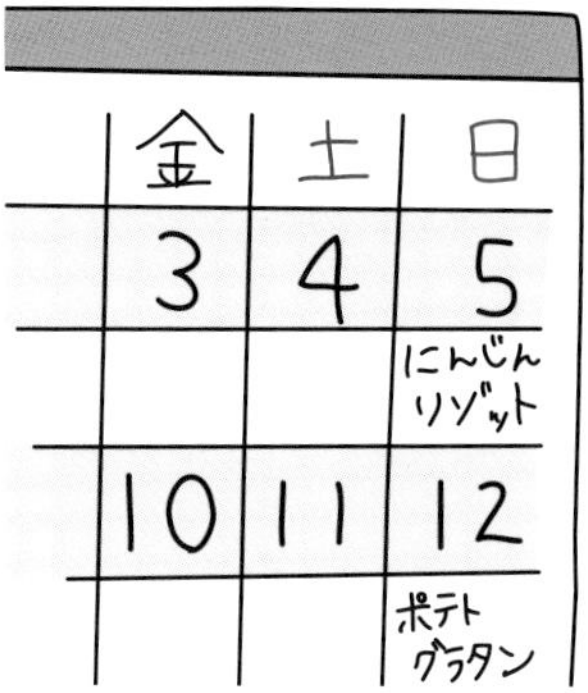

休日だけの
スペシャルメニューを立てる

MEMO

初心者向けのカンタンメニュー

おじや

鶏がらスープ、玉子スープ、みそ汁を薄めてごはんにかけるだけ。
もちろんネギ類が入っていないかどうかは要チェック

野菜サラダ

レタスにキャベツ、きゅうり、トマトを適当な大きさにカットしてさっとゆで、ゆで卵を1切れ乗せれば、犬用サラダの出来上がり！

焼きとうもろこし

飼い主のおやつの焼きとうもろこし。しょうゆなどはつけずに焼いて、何粒か崩してあげればスイートな味わいに大喜び

じゃがバター

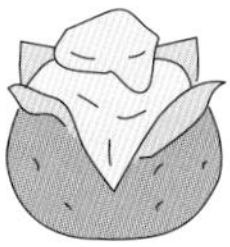

ふかしじゃがいもに無塩バターをちょっぴり乗せて出来上がり。
バターのつけ過ぎは肥満のもとなので要注意

バナナヨーグルト

刻んだバナナを無糖ヨーグルトに入れれば、腸に優しいおやつに

食事と健康

犬ごはんのポイント 16

レトルトや冷凍食品を活用する

温めるだけの白米やおかゆ、うどんに、冷凍野菜やおかずを合わせて一品。

スープにお麩や、わかめを加えてさらにもう一品といったように、人間用のレトルトや冷凍食品、乾物をアレンジするだけで、手作り感いっぱいの犬ごはんが出来上がります。

賢く活用して、カンタン手作りメニューを増やしていきましょう。

コツ1
無添加の冷凍野菜を選ぶ

かぼちゃやさといも、枝豆など充実した冷凍食材は実に便利ですが、愛犬に与える場合は味つけしていない無添加のものを選びましょう。

コツ2
レトルトのおかゆをアレンジする

おかゆは消化に良く、体調が優れないときや老犬にも安心して与えられます。そこに卵とミックスベジタブルを混ぜて味わいの変化をつけてもいいでしょう。

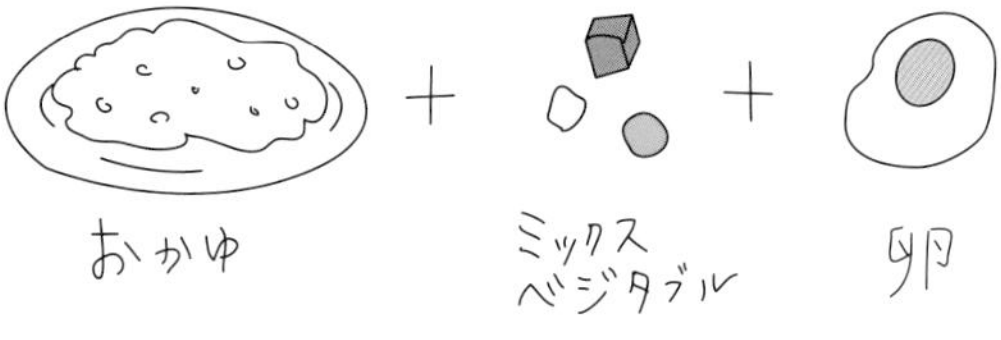

犬のキ・モ・チ

レトルトや冷凍といってもカレーや揚げもの、カップラーメンなどは、塩分、脂肪分が多過ぎて僕たちの体には合わないんだ。アレルギーの原因になったりするから食べさせないでね。

コツ3
お麩やわかめでバランスアップ

みそ汁やスープにお麩、わかめ、のりなどの乾物を加えるだけで栄養バランスがアップします。フリーズドライの汁ものも原材料にNG食材が入っていなければ与えてOK。多めのお湯で溶いてあげましょう。

コツ4
粉末野菜を活用する

汁ものや離乳食には、ブロッコリーやごぼう、にんじん、さつまいもなどの粉末を加えるのもバランスアップになります。

粉末野菜で
栄養をプラス

MEMO

レトルト&冷凍食品でできるアイデアメニュー

- 白米(レトルト) ＋ 納豆 ＋ 卵
  ＝栄養たっぷり滋養ごはん
- おかゆ(レトルト) ＋ 豆乳
  ＝体調不良でも食べられるタンパク補給メニュー
- うどん(レトルト) ＋ かつおぶし
  ＝元気がないときのエネルギー源に
- コーンスープ(インスタント) ＋ 枝豆(冷凍)
  ＝ビタミン&タンパクの黄金コンビ
- みそ汁(インスタント) ＋ かぼちゃ(冷凍) OR さといも(冷凍)
  ＝良質なタンパク質を摂って免疫力アップ！
- 白米(レトルト) ＋ 鮭(冷凍) ＋ わかめスープ(インスタント)
  ＝バランスの優れた定食メニュー

食事と健康

犬ごはんのポイント⑰

野菜はレンジで手軽に調理する

私たちの食生活と切り離せないのが電子レンジ。犬ごはんに活用しない手はありません。

　チンするだけのレトルトや冷凍食品の解凍はもちろん、肉や魚を焼いたり、ごはんを温めたり、野菜を加熱したりと、ほとんどのことはできてしまいます。その幅広い機能をフル活用して、手作りメニューの幅を広げてみましょう。

　ただし、犬は猫舌ですから、与えるときは人肌程度に冷ましてください。

コツ1
野菜を加熱する

かぼちゃやさつまいも、れんこん、ごぼう、にんじんといった根菜は、フライパンで火を通してからと思いがちですが、細かくカットしてレンジで2～3分ほど加熱すれば軟らかく仕上がります。

レンジで2～3分加熱

コツ2
魚は焼いてからほぐす

オーブンレンジで焦げ目がつくまで焼き、まずは大きな骨と皮を取り除きます。あとはフレークにしながら小骨を取っていけば食べやすくなります。

ほぐしながらだと
骨を取り除きやすい

犬のキ・モ・チ

お刺し身も食べられるけど、脂が乗りすぎてると太っちゃう。さっと湯を通すだけでヘルシーになるんだワン。

+《プラス》ワン！アドバイス

鍋ににぼしや干ししいたけ、お麩のほか、冷凍の鶏肉などを加えればバラエティ豊かになります。チャレンジしてみてはいかがでしょう。タラや鮭など旬の魚もおすすめです。

コツ3 いろいろ野菜で鍋を作る

耐熱皿にこんぶを敷き、カットした小松菜、白菜、にんじん、大根、もやし、豆腐などを入れたところに、水を注いで約5～6分。これでカンタン鍋の出来上がり！

こんぶだしの利いた鍋の完成！

Point

レンジを使ったお手軽メニュー

蒸し野菜

薄い輪切り、または細かくカットして1～2分チンするだけ

ほっこりお手軽グラタン

牛乳に無塩バターと小麦粉でホワイトソースを作り、蒸し野菜にかけてチーズを乗せ、オーブンモードでこんがり焼き色がつけば出来上がり

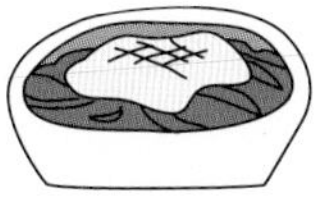

なんでも雑炊

レトルトのおかゆに野菜やきのこ、魚フレークなどをトッピングして加熱。トマトやじゃがいも、スイートコーンなど洋風食材を使えば、リゾットにも

魚のホイル焼き

魚の切り身と蒸し野菜、きのこ類をホイルで包んでオーブンで焼くだけ

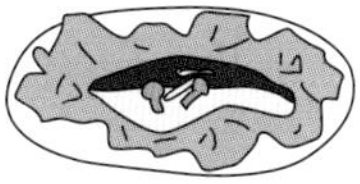

なんでも鍋

だしこんぶと旬の野菜や魚を盛って加熱。具は細かくカットした方が食べやすい。ごはんやめん類をプラスすれば、いっそう豪華に

豆乳スープ

豆乳に野菜の粉末を加えて加熱すれば、栄養たっぷりの副食に。フルーツの粉末を使えばおやつに早変わり。寒天を加えればゼリーにも

犬ごはんのポイント⑱

味つけを後にして飼い主のごはんと一緒に作る

愛犬ごはんは、家族の食事と一緒に作れば時間も手間も省けます。

ポイントは、犬のNG食材やアレルゲンとなる食材は使わないこと。できれば無添加食材を選んであげたいところです。また、味つけは薄味が犬用の基本です。

コツさえつかめば、〝わざわざ手作り〟から、〝食事の支度が一人分増えた＝家族が増えた〟に変わり、まさに家族の一員というわけです。

コツ1

味つけを後回しにする

焼き肉や野菜炒めも家族のぶんと一緒に作っちゃえます。犬は薄味ですから、そのぶんを盛りつけた後に、家族用に味つけを加えるようにします。

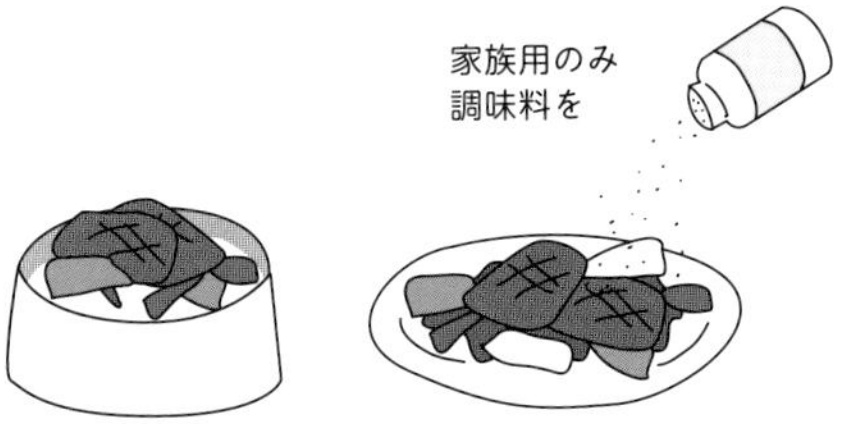
家族用のみ
調味料を

コツ2

ネギ類を炒めたフライパンを使わない

よくある失敗が、家族用のハンバーグに入れたタマネギのエキスが残ったフライパンで、愛犬のぶんまで焼いてしまったというケース。まずは犬用バーグを先に焼くようにしましょう。

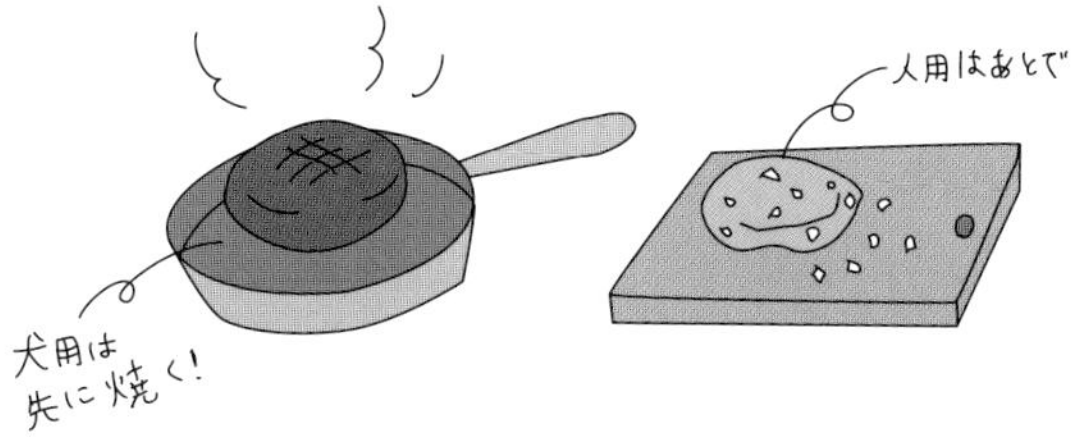
人用はあとで
犬用は
先に焼く！

プラスワン！アドバイス

包丁やまな板にもネギ類のエキスが付着します。ネギ類は一番最後と習慣づけましょう。

犬のキ・モ・チ

味にはあんまりこだわらないから、白米が豆腐に代わってても全然気にならないんだ〜。でもアレルギーのある犬には注意してあげてほしいワン。

コツ3
お米の代わりにタンパク質を与える

炭水化物を
タンパク質にチェンジ！

ダイエット中だから白米などの炭水化物は避けたいというときは、缶詰の大豆やゆがいた豆腐、じゃがいもをごはん代わりにしてもお腹いっぱいになります。

Check!

犬ごはんにもおすすめできる調味料

水で薄めて味を調節してあげれば、残りもののみそ汁ごはんでもOKですが、本来、犬は素材の持つ甘味や酸味、辛味、旨みだけで十分で、調味料は必要ありません。

岩塩
人間用に加工された食塩は内臓に負担がかかる。天然の岩塩ならOK

無塩バター
普通のバターは塩分・脂質が多過ぎる

オリーブオイル
質の高いオリーブオイルは、犬の皮膚や毛に良いといわれている

亜麻仁油
オメガ3豊富で毛ヅヤが良くなる

みそ
タンパク質やミネラルが豊富。ただし、塩分も高めなので少量に抑えること

天然はちみつ
おやつ作りなどで甘味を加えたい場合、砂糖は使わず、人にも犬にも優しい天然のはちみつを

犬ごはんには避けたい調味料

- ×しょうゆ
- ×こしょう
- ×ソース
- ×酒
- ×みりん
- ×七味とうがらし
- ×ラー油
- ×化学調味料

犬ごはんのポイント 19

食欲不振には嗅覚を刺激する工夫を

甘い、酸っぱい、辛いといった味覚は〝味蕾《みらい》〟という舌の器官で感じるものですが、犬のこれは人間の6分の1程度しかありません。ある意味では味オンチといっていいでしょう。

その代わり、人間の数千倍ともいわれる優れた嗅覚を持っていますから、〝いい匂い〟で〝おいしい〟を嗅ぎ取ります。

ですから、食欲が低下気味のときには、嗅覚を刺激するメニューを作ってみてください。鼻をクンクンさせて喜びますよ、きっと。

コツ1
香りの強い野菜を取り入れる

春菊やピーマン、セロリなど香りの強い野菜は、刺激が強そうでNG食材に思えますが、体に良いものもたくさんあります。繊維質が豊富なので細かく切って与えましょう。

コツ2
オリーブオイルを使う

パスタに喜ぶ犬は少なくありません。炒めものなどもオリーブオイルに変えるだけで、犬の反応が違ったりするものです。

プラス ワン! アドバイス

オリーブオイルにはビタミンやミネラルの吸収を助ける働きがあり、皮膚や毛にも良いとされています。同様に香り豊かなごま油などもおすすめです。

コツ3

シーズニングをふりかける

シーズニングとは一口にいえば“ふりかけ”のこと。私たちも食が進まないときに、ふりかけごはんを食べますよね。それと同じで、犬の食欲を促します。

犬のキ・モ・チ

シーズニングは手作りごはんはもちろんだけど、市販のフードにふりかけてくれれば、いつものドライフードでもグーンと味わい深くなるんだ。

MEMO

ハーブを使ったカンタン♪

スペシャルシーズニングの作り方

材料

ローズマリー	少々
タイム	少々
バジル	少々
岩塩	1～2つまみ
オリーブオイル	適量

① ボウルで材料を合わせる

② 多めに作り、瓶に入れて保存

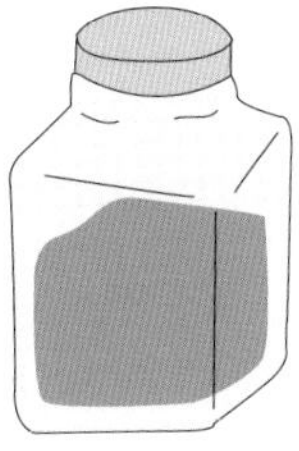

③ いつでもどこでもシーズニングごはん♪

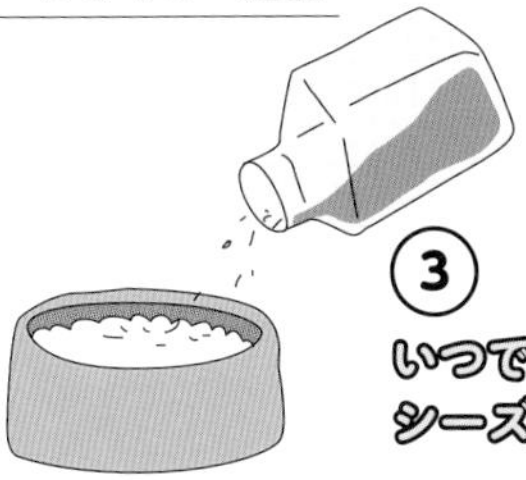

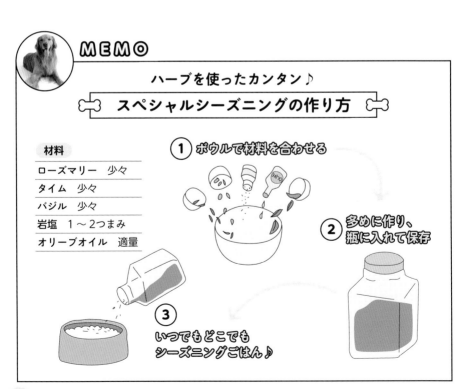

食事と健康

犬ごはんのポイント 20

スープや魚料理にハーブを利用する

鼻のいい犬だけにハーブが大好きです。血行促進や消化吸収力アップ、疲労回復、ストレス軽減など、さまざまな効能のあるハーブをごはんに取り入れれば、自然と健康食〝薬膳メニュー〟が出来上がります。愛犬の嗜好増進にもなり、ますますいろんなメニューが楽しめるようになります。

ただし、体に良いからとなんでもかんでも与えればいいというものでもありませんのでご注意を。

コツ1
スープや煮ものにバジルやオレガノを加える

好みのハーブは犬によってさまざまですが、バジル、タイム、オレガノなどを少量、スープや煮ものに加えて煮込めば、体に優しいメニューになります。

コツ2
魚料理によく合うフェンネル

フェンネルは“魚のハーブ”といわれ、魚料理によく合うハーブです。フェンネルを配合したシーズニングをふりかけ、魚料理をランクアップさせましょう。

プラス ワン! アドバイス

バジルやローズマリー、フェンネルなどのドライハーブをミックスしてシーズニングを常備しておきましょう。適宜ごはんにふりかければ、食欲増進効果はテキメンです。

作り方は P59

コツ3
クッキーやケーキにミントを添える

おやつに使うなら、やっぱりミント。クッキーやケーキに1、2枚添えるだけで風味が格段に良くなります。

おやつに
ミントを添えて

コツ4
カモミールティー風に楽しむ

紅茶はカフェインを含むため、犬には向きませんが、飲み水にカモミールを浮かべて、ちょっとしたティータイム気分を演出してあげられます。

飲み水に
カモミールを
浮かべる

MEMO

ハーブの効能いろいろ

ローズマリー
胃腸の働きを活発にし、消化吸収力が高まる

バジル
がん予防に効果アリ

タイム
炎症を抑える。殺菌作用もアリ

フェンネル
老廃物の排出を促す

オレガノ
リラックス効果でストレス軽減

ミント系
血行を促進し、腸内環境を整える。防臭やリフレッシュ効果も

ラベンダー
疲労回復、鎮静効果アリ。アレルギー体質改善にも

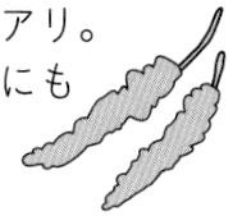

カモミール
炎症を抑える。皮膚トラブル改善に。虫除けにも効果アリ

ローズゼラニウム
首輪に吊るしてノミ除けに

ハーブを使った食欲増進メニュー

わんバーグライス

食欲が落ちたと思ったら、ちょっと奮発してローズマリーをまぶした肉料理を。
鶏の挽き肉で作る場合は、軟らかくなり過ぎないようにパン粉で調整しましょう。

材料

	5kg以下の犬	小型犬	中型犬
牛豚合挽き肉	40g	70g	120g
ミニトマト(小)	1/2個	1/2個	1/2個
トマト	1/6個	1/6個	1/4個
にんじん	少々	少々	少々
ピーマン	少々	少々	少々
トマトピューレ	少々	少々	少々
白米	お茶碗 1/4杯	お茶碗 1/3杯	お茶碗 1/2～1杯
乾燥ローズマリー	少々	少々	少々
無塩バター	2g×2	3g×2	5g×2
オリーブオイル	適量	適量	適量
パン粉	少々	少々	少々
岩塩	少々	少々	少々
卵	1/2個	1/2個	1個
ローヤルゼリー(顆粒)	0.5g	0.5g	1g

作り方

1. にんじんとピーマンをみじん切りにする
2. フライパンを熱してオリーブオイルをひき、無塩バターを加え、にんじん、ピーマンを炒める。火が通ったらボウルに移して冷ます
3. にんじんとピーマンが冷めたら、挽き肉、パン粉、卵、岩塩、トマトピューレを加え、よく練り合わせ、わんバーグの形を作る
4. フライパンを強火で熱してオリーブオイルをひき、わんバーグの両面に軽く焦げ目がつく程度に焼いたら、弱火にしてふたをし、2～3分そのままにする
5. 火が通ったら、フライ返しで軽くわんバーグを押して肉汁を出す
6. わんバーグを別皿に移し、肉汁の入ったフライパンにトマトピューレとローズマリーを少し加え、弱火にしてソースを作る
7. トマトを食べやすい大きさにカット。白米をごはん皿に盛り、わんバーグを乗せ、ソースをかける。飾りつけのミニトマトを添え、ローヤルゼリーをふりかければ出来上がり（食べさせるときは、わんバーグをカットして白米と混ぜ合わせるとよい）

ローヤルサーモンピラフ

鮭と卵、そしてローヤルゼリーを使ったパワー増進メニュー。
デザートにバナナとプレーンヨーグルトをつけ、爽やかに仕上げました。
夏バテ気味のわんこにおすすめです。

作り方

① 鮭を焼いてほぐしながら骨を取り除く

② フライパンを熱し、オリーブオイルと無塩バターをひき、ごはんを炒める

③ ①と溶いた卵、魚用ハーブミックスをごはんに混ぜて再び炒め、火を止める

④ ごはん皿にちぎったレタスを敷き、サーモンピラフを盛りつける。まわりにざく切りにしたミニトマトとバナナ、ヨーグルトを飾りつけ、犬用ローヤルゼリーをふりかければ出来上がり

材料

	5kg以下の犬	小型犬	中型犬
白米（または玄米入りごはん）	お茶碗1/4杯	お茶碗1/2杯	お茶碗1杯
鮭（または鮭缶詰）	1/4切れ	1/2～2/3切れ	1切れ
卵	1/2個	1個	1個
ミニトマト	1個	2個	3個
レタス	1/3枚	1枚	1～2枚
バナナ	1/3本	1/2～2/3本	1本
プレーンヨーグルト（または犬用）	大さじ1杯	大さじ2杯	大さじ3杯
無塩バター	2g	3g	4g
魚用ハーブミックス（犬用）	少々	少々	少々
オリーブオイル	適量	適量	適量
犬用ローヤルゼリー（顆粒）※	1/2スティック	1スティック	1～2スティック

※犬用ローヤルゼリー（顆粒）は、70度以上の温度での使用は成分が破壊されるので注意してください。

食事と健康

犬ごはんのポイント㉑

納豆や野菜で血行を促進、健康を保つ

健康維持のためにもっとも大切なのは、やはりバランスの良い食事ということになります。

体調不良の原因は突き詰めれば血行不良に行き当たります。血行が悪ければ、内臓の働きは低下し、便秘になり、体内に老廃物が溜まってしまいます。

これを解消するには、野菜をしっかりと摂ることです。また〝体温を上げると健康になる〟といわれています。適度な運動で体を温めることも忘れないようにしましょう。

コツ1
納豆で血液をサラサラにする

納豆に含まれるナットウキナーゼには、血栓を溶かす働きがあり、血行促進に効果大といわれています。さらに高タンパクと犬にも最高の健康食材というわけです。

納豆ごはんで血行促進！

コツ2
鶏肉、かぼちゃ、にんじんで血行を促す

ビタミンEやC、βカロテンを一緒に摂ると血行促進の働きが高まるといわれています。これらを多く含む鶏肉やかぼちゃ、にんじんなどを積極的に与えましょう。

犬のキ・モ・チ

鶏肉は皮を取り除いてくれると、カロリーが抑えられて、ダイエット中でも安心だワン。ラム肉にも体を温める効果があるよ。

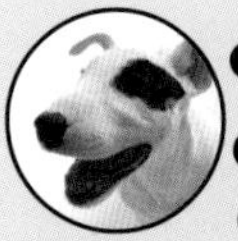

+《プラス》ワン！アドバイス

実はお米は精製されるにつれ、栄養価が損なわれてしまいます。そこで玄米が人気なのですが、消化はイマイチです。その点、栄養価が高く、玄米に比べ消化吸収もいい胚芽米は、犬にも優しい穀物といえるでしょう。

コツ3
ごはんに胚芽米を混ぜる

胚芽米は白米に比べ、ビタミンやミネラルが豊富。ごはんに混ぜるのもいいでしょう。

胚芽米ごはんで
栄養アップ！

MEMO

血行促進、消化吸収に良い食べ合わせ

納豆＋オクラ
細かく刻んだオクラを納豆に混ぜるだけ

納豆＋大根おろし
スパゲティに和えてもGOODの和風黄金コンビ

鶏肉＋かぼちゃ
グラタンにぴったりの組み合わせ

鶏肉＋にんじん
スープや煮物に

鶏肉＋トマト
パスタ料理に人気のコンビ

鶏肉＋バジル
ゆがいた鶏肉にバジルをふりかけるだけでもOK

にんじん＋かぶ
鍋やスープに

胚芽米＋にんじん
にんじんリゾットやおかゆに

胚芽米＋かぼちゃ
ドリアやリゾットに

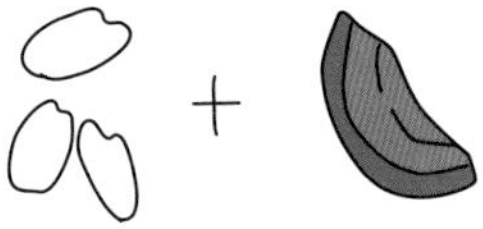

モロヘイヤ＋にんじん
スープや鍋、炒めものに

モロヘイヤ＋オクラ
ネバネバコンビで和えものに

食事と健康

犬ごはんのポイント ㉒

水分と食物繊維で便秘を解消

トイレの場所でウンチの姿勢を取っているのになかなか出ない、2～3日排便の様子がないというときは便秘の疑いがあります。

便秘になると、体に老廃物が溜まり、ますます消化吸収、新陳代謝が悪くなるという悪循環になります。原因は偏食や老化、ストレスなどさまざまですが、多くはごはんの工夫で解消できます。

コツ1
おからスープを作る

おからは食物繊維たっぷりで低カロリーの健康食材。スープに加えれば食物繊維と水分を効率よく補給できます。ハンバーグやつみれの具にしてもOKです。

コツ2
根菜や海藻を積極的に与える

ごぼう、さつまいも、れんこんなどの根菜は食物繊維がたっぷり。煮込んでリゾットやおかゆにすれば水分と同時に摂れます。また、わかめやこんぶといった海藻類も食物繊維豊富ですから、スープなどに取り入れるといいでしょう。

犬のキ・モ・チ

「胃腸のそうじをしてくれる」と、こんにゃくをごはんに入れてくれる、優しさは嬉しいし、細かくしたものを少しだけなら食べられるけど、実はダメな犬も多いんだよ。

+《プラス》ワン！アドバイス

運動不足も便秘の原因になりますから、適度な散歩も大切です。また、こまめなブラッシングは血行を促し、内臓の働きを活発にします。犬の便秘は腸の腫瘍や前立腺肥大といった病気が原因のこともありますから、ごはんで改善できないようなら獣医に相談してみてください。

コツ3
おやつに果物で水分を補給

みかんやりんご、なしなど果物には水分がたっぷり含まれますから、おやつにもってこいです。また、すいかなど利尿効果の高いものも新陳代謝を促します。

MEMO

便秘解消におすすめの食材

食物繊維がたっぷり

おから、ごぼう、さつまいも、れんこん、かぼちゃ、キャベツ、ブロッコリー、わかめ、こんぶ、きくらげ　など

腸の働きを活発にして消化吸収を助ける

いんげん豆、ひよこ豆、あずきなどの豆類、大根、もやし　など

水分補給できる

りんご、みかん、バナナ、なし、もも、柿、びわ、すいか、メロン、きゅうり、トマト　など

食事と健康

犬ごはんのポイント㉓

高タンパク低カロリーごはんでダイエット

しつけのためにドライフードをちょっと多く与えたら、たちまち太ってきた……。そんな悩みを抱える飼い主も少なくないでしょう。

それに比べ、手作りごはんは水分が多く摂れて、栄養の調節もしやすいため、切り替えるだけでダイエットになります。

もちろん、新しいメニューを試すたびに与えていては肥満の原因になってしまいますから、上手な食材選びで無理のないダイエットを心がけましょう。

コツ1
量を減らすのではなく、食材を替える

手作りごはんの量を安易に減らすと、ビタミンやミネラル不足になることがあります。また、体が栄養を蓄えようとかえって吸収力がアップするものです。量を減らすのではなく、まずは低カロリー食材への切り替えから始めましょう。

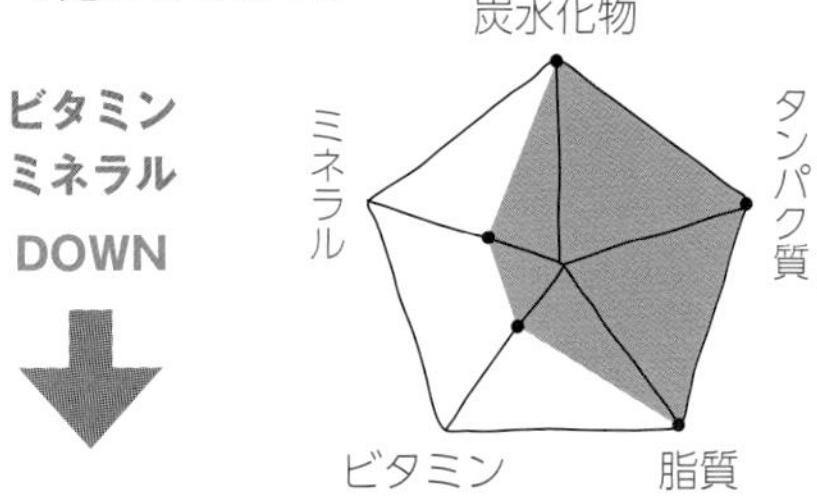

コツ2
ささみや豆腐で代用する

焼き肉ごはんの肉を脂肪分の少ないささみやラム肉に、白米やパンなどの穀類を豆腐やおからにといったように、高タンパク・低カロリーの食材に切り替えます。

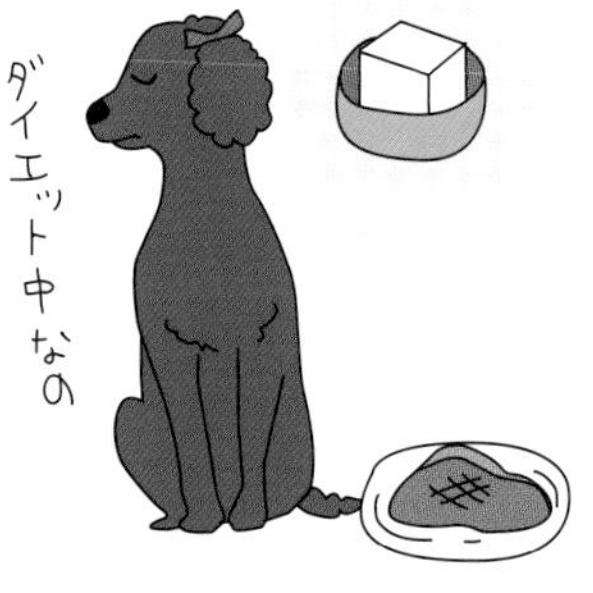

犬のキ・モ・チ

太ってる犬のことをメタボ犬という人もいるけど、“メタボ”は高血圧や高血糖を伴う肥満のことだから、犬にメタボはないといわれているよ。

コツ3
ドリンクは低糖・低脂肪に

牛乳を低脂肪のヤギミルクや豆乳に替えるのもいいでしょう。ジュースは砂糖を加えていない素材100%のものを選んでください。

+《プラス》ワン!アドバイス

サプリメントや療法食を使ったダイエットは、健康を損なう恐れもあります。自己流は避け、獣医に相談しながら進めましょう。

コツ4
おやつは小分けにして与える

しつけなどで、ついおやつの量が増えていたというケースもあるでしょう。そんなときはおやつ1個分を切り分けて、小さくしたものを与えるといいでしょう。

Point

肥満対策のためにチェンジできる食材

	CHANGE!	
牛肉	鶏もも肉、ささみ、ラム肉	脂質の少ない肉類にチェンジ。ラム肉には脂肪の燃焼を助ける働きも
白米	大豆、豆腐、おから、じゃがいも	ごはんの半分をこれらにチェンジすれば、満足感はそのままでカロリーダウンに
マグロ、ブリ	タラ	脂の少ない白身魚はダイエットにぴったり
卵	大豆、豆腐、豆乳	同じタンパク源でも脂質がダウン
いも類	おから、お麩	グラタンやスープの具をチェンジしてカロリーダウン
牛乳	ヤギミルク、豆乳、脱脂粉乳	栄養たっぷりのまま脂質をダウン

低カロリーでヘルシーなダイエットメニュー

メカジキマグロとホタテのオイル焼き

メカジキマグロと生ホタテを無塩バターとオリーブオイルで焼き上げた高タンパク、低カロリーのシーフードグリルです。メカジキマグロ以外の白身魚でも作れます。パスタは、スパゲティでもマカロニでも OK。

材料

	5kg以下の犬	小型犬	中型犬
メカジキマグロ	1/3切れ	1/2切れ	1切れ
生ホタテ	1/4個	1/2個	1個
パスタ	20～40g	40～60g	60～80g
桜エビ	少々	少々	少々
サニーレタス	1/3枚	1/2枚	1枚
パクパクハッピー	適量	適量	適量
オリーブオイル	少々	少々	少々
無塩バター	少々	少々	少々

作り方

① パスタをゆでたら、水で冷まして食べやすい大きさにカット

② フライパンを中火で熱してオリーブオイルをひき、パスタと桜エビを混ぜて軽く炒め、一旦お皿に取り出しておく

③ フライパンを中火で熱して無塩バターとオリーブオイルをひき、メカジキマグロと生ホタテを入れ、両面に軽く焦げ目がついたら弱火にして、火が通るまで焼く。焼き上がったらパクパクハッピーをふりかける

④ サニーレタスを水で洗い、食べやすい大きさにちぎってごはん皿に敷く

⑤ ④にメカジキマグロとホタテ、②のパスタを盛りつけて出来上がり

鶏焼きそば

ヘルシーな鶏肉と野菜、しいたけを使ったかつお風味のわんこ焼きそば。

鶏肉は、むね肉でももも肉でもOKですが、ダイエット中は脂質の少ないむね肉が良いでしょう。

材料

	5kg以下の犬	小型犬	中型犬
鶏肉	30～50g	60～80g	100～120g
ベーコン	1/4枚	1/2枚	1枚
もやし	少々	少々	1/4袋
ほうれん草	1枚	2枚	3～4枚
中華そば	1/4袋	1/2袋	1/2～2/3袋
パクパクハッピー かつお風味 ※	小さじ1/3杯	小さじ1/2杯	小さじ2/3杯
オリーブオイル	適量	適量	適量

※パクパクハッピーのかつお風味は、一般社団法人HAPPYわんこのホームページで販売しています。

作り方

1. ほうれん草ともやしは流水で洗い、食べやすい大きさにカット
2. 鶏肉とベーコンを食べやすい大きさにカット
3. フライパンを中火で熱してオリーブオイルをひき、鶏肉に軽く焦げ目がつくまで焼き、一旦お皿に取り出しておく。フライパンにオリーブオイルをつけ足し、ベーコン、ほうれん草、もやしを炒める
4. 火が通ったら、ほぐした中華そばと水少々、パクパクハッピーかつお風味を加え、炒める
5. ごはん皿に焼きそばを盛りつけ、調理ハサミで食べやすくカットし、鶏肉を盛りつけて出来上がり

食事と健康

犬ごはんのポイント㉔

免疫力をアップして風邪を予防する

犬も寒い季節になると鼻水をたらし、風邪を引いて熱を出すことがあります。

万病のもとといわれる風邪予防には、栄養バランスの良いごはんで強い体を作るとともに、水分もしっかり補給して新陳代謝を高めていきましょう。

また、風邪だけでなく、フィラリアや狂犬病など恐ろしい感染症もありますから、普段から免疫力をアップさせておくことが予防になります。

コツ1

豚肉、大豆、きのこ類で免疫力アップ

風邪予防でおなじみのビタミンCは、実は犬にはほとんど必要のない栄養素です。それより、免疫機能を高めるビタミンB群を多く含んだ豚肉や大豆、緑黄色野菜、きのこ類をしっかり摂る方が効果的です。

コツ2

風邪を引いたら消化が良く温かいものを

風邪を引いて胃腸が弱っているときは、おかゆやうどん、大根おろしなど消化の良いものを与えましょう。野菜をすりおろして温かいスープにするのも滋養になります。

犬のキ・モ・チ

ご主人様が風邪予防といってよく料理に使うしょうがも、ほんの少しなら食べられるんだ。すりおろしてスープに入れると体が温まるよね。

プラス ワン! アドバイス

犬の風邪は正確にはケンネルコフといい、人の風邪と症状が似ているだけで、ウイルスは別物です。移る心配はありませんし、ワクチン接種で予防できます。

コツ3
水分補給と散歩も忘れずに

消化吸収を良くして新陳代謝を高めるには、こまめな水分補給も大切です。寒い冬は散歩も面倒になりがちですが、適度な運動がより強い体を作ります。庭で10分間ボール遊びをするだけでも体が温まりますよ。

ボール遊びなどで
適度な運動を
取ってきたよ!

Check!

こんな症状が見られたら風邪かも!?

- 目ヤニがいつもより多い
- 鼻水やくしゃみが出る
- 鼻先が乾いている（発熱の疑い）
- 舌が真っ赤だ（発熱の疑い）
- 下痢や嘔吐がある
- 耳の後ろ側が熱い（発熱の疑い）
- ゴホゴホと咳をしている
- いつもより水をたくさん飲む
- 食欲がない
- 体がだるそう、元気がない

食事と健康

犬ごはんのポイント 25

毎日のデトックスで生活習慣病を予防

犬も高齢になると、糖尿病や高血圧といった生活習慣病にかかることがあります。

また、日本では犬の死因のトップはがんといわれていますから、成犬のうちからの予防が長寿の秘訣になります。

生活習慣病予防のカギは体に毒素を溜めないこと。いわゆる〝デトックス〟をして体内の浄化を図りましょう。

コツ1

セロリやきゅうりでカリウムを補給

老廃物や毒素をスムーズに排出するためには、肝臓や腎臓の働きを助けるカリウムの摂取が大切です。セロリやきゅうり、あしたばなどでカリウムを補給し、排出機能を強化しましょう。

コツ2

こまめな排泄で体内の循環を促す

レタスや白菜、きゅうり、果物類は、カリウムが豊富な上に水分も多く、利尿効果が高いため、排泄を促します。

犬のキ・モ・チ

カリウムは海藻類や豆類にも多く含まれますが、調理することで失われやすい栄養素です。カットフルーツや100%ジュースで賄うのが確実です。

コツ3
1日1きのこ1海藻を目指す

しいたけやしめじなどのきのこ類や、こんぶ、ひじきなどの海藻類には、がん予防になるビタミンやミネラルがたっぷりです。毎日1種類以上のきのこ、海藻を与えたいところです。

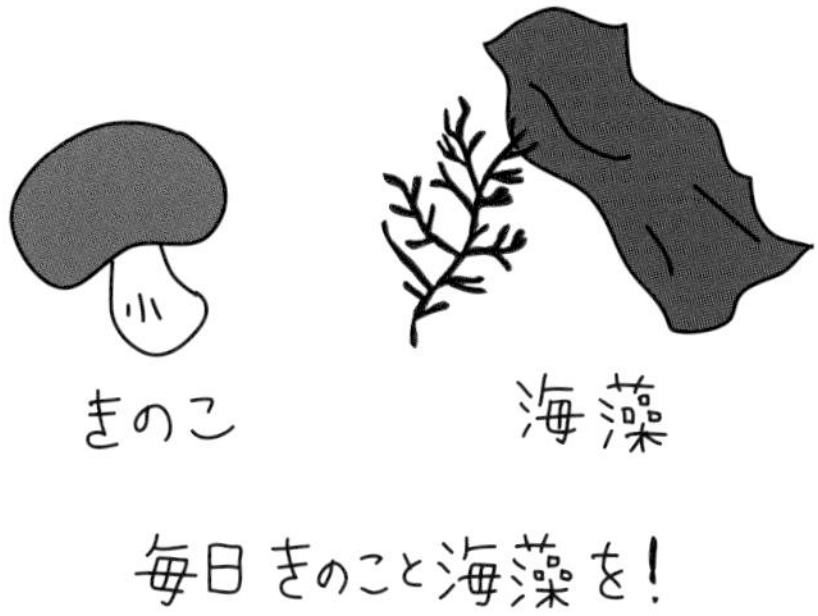

コツ4
EPA、DHAを積極的に与える

血栓やがんを防ぐといわれるEPA、脳の機能を活性化させるといわれるDHAもアンチエイジングに欠かせない栄養素です。これらはサバやイワシなどの魚類に多く含まれています。

MEMO

犬の生活習慣病には何がある？

生活習慣病の多くは、食べ過ぎによる肥満と運動不足が原因。食生活管理はもちろん、定期健診を受け、早期発見に努めることも大切です。

糖尿病
糖分の摂り過ぎに注意。ストレスが原因になることもあるため、リラックスした環境を心がける

高血圧
塩分の摂り過ぎに注意

心臓病
塩分の摂り過ぎ、肥満に注意

がん
バランスの取れた食事と適度な運動がなによりの予防に

関節系疾患
肥満体型が原因に。太り過ぎに注意

歯周病
歯みがきを習慣づけて予防を

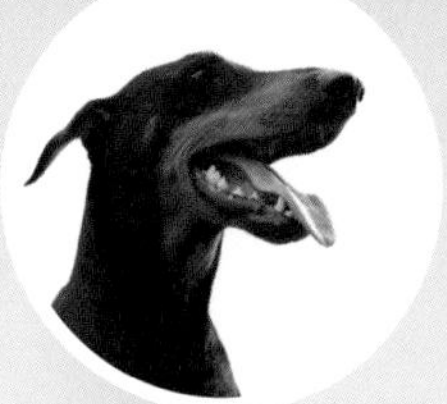

犬ごはんのポイント 26

ネバネバ食材で胃腸を健康に保つ

犬はそもそも吐きやすい動物ですから、食べ過ぎや車酔いなどで吐くことがあっても、元気で体力のあるうちはそれほど心配ありません。

　しかし、嘔吐や下痢を繰り返すようなら胃腸が弱っている証拠です。負担をかけない消化の良いごはんを与えるようにしましょう。

　また、ストレスが原因で胃腸炎や胃潰瘍になることもありますから、環境にも配慮してあげたいところです。

コツ1

オクラや納豆で胃の粘膜を強くする

オクラや納豆、山いも、モロヘイヤといったネバネバ系食材には、胃腸の粘膜を保護する働きがあります。胃腸そのものを強くして、消化吸収力をアップさせましょう。

ネバネバごはんで健康！

コツ2

大根やかぶで消化を促進

大根やかぶ、もやしなどに多く含まれる消化酵素には、消化吸収を助けるばかりか、胃の炎症を鎮める働きもあります。

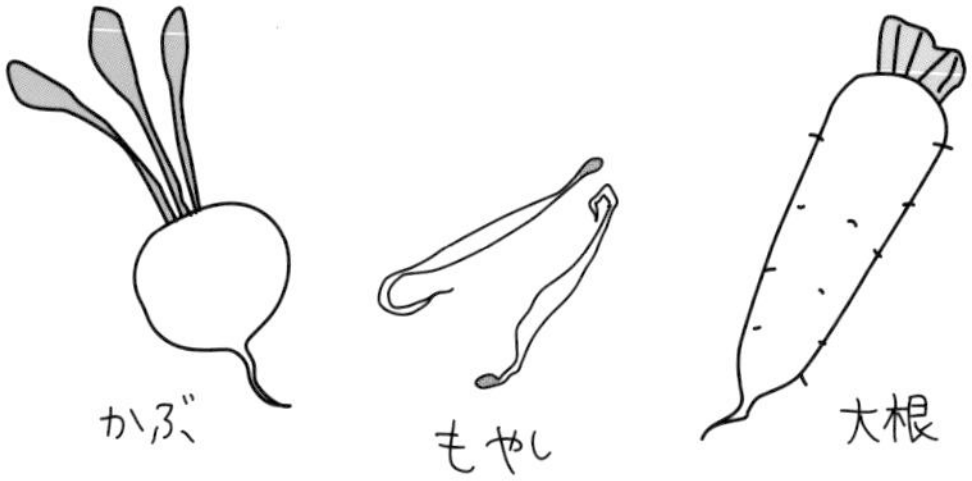

プラス ワン! アドバイス

消化酵素の一つ、オキシターゼには発がん性物質を分解する働きもあるといわれています。焼き魚に大根おろしを添えるのは、お焦げの発がん性を中和させるためというわけです。

犬のキ・モ・チ

せっかくすりおろして煮込むなら、にんじんやじゃがいもなんかも一緒に入れてくれると栄養がたっぷりで嬉しいんだけどな。

コツ3 胃腸を刺激しない調理の仕方を

胃腸がすでに弱っているときは、大根やかぶ、ほんの少しのしょうがをすりおろしてトロトロに煮込み、おかゆに混ぜて与えてください。

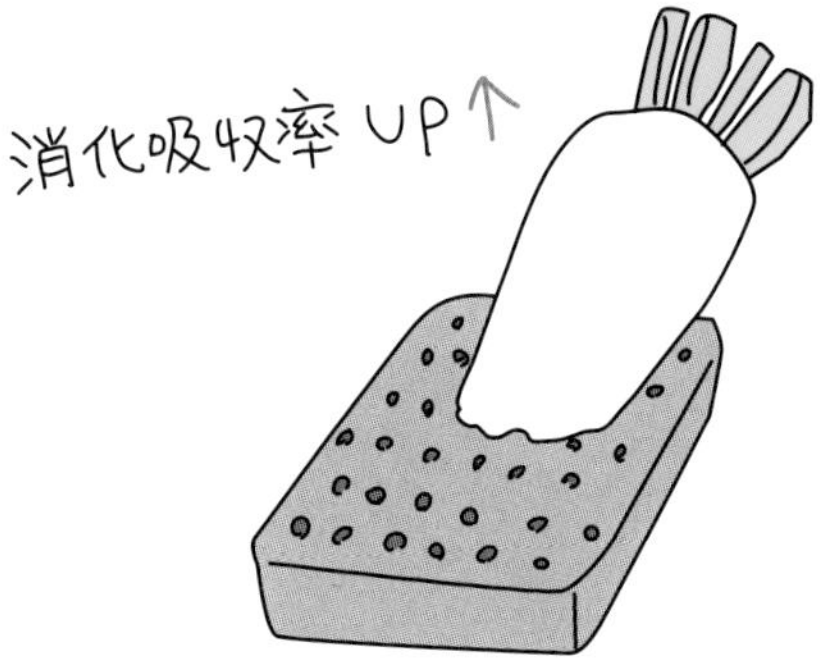

コツ4 胃に優しいジュースを作る

フルーツとハチミツをミキサーにかけたフルーツジュースもおすすめです。

MEMO

消化に良い食べもの

- 白米
- そうめん
- コーンフレーク
- 鮭
- 大根
- かぶ

- 白菜
- もやし
- キャベツ
- 豆腐
- 豆乳
- ヨーグルト

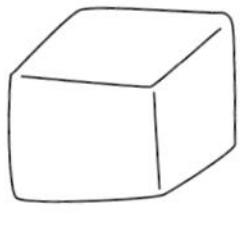

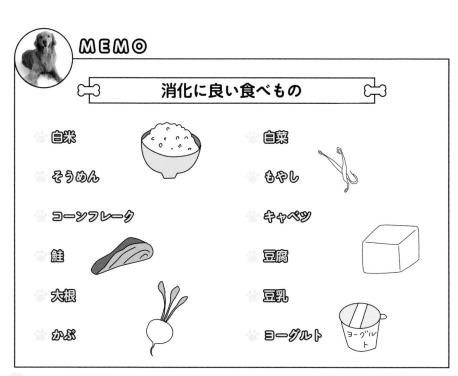

食事と健康

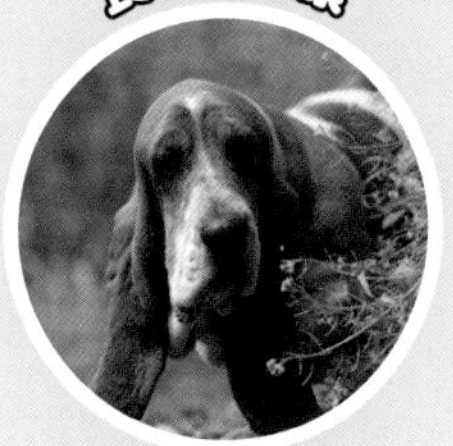

犬ごはんのポイント 27

貧血予防に鉄分を補給する

偏った食事をしていると栄養バランスが崩れ、貧血になってしまうことがあります。

貧血になると、ふらつき、動悸・息切れが激しくなるなど酸素不足の症状が表れます。

よくあるのがネギ類の誤食。ネギ類がNG食材なのは、赤血球を破壊する成分が入っているためです。中毒を起こすと貧血症状に陥りますから、くれぐれも注意し、普段から鉄分をしっかり摂るようにしましょう。

コツ1

レバーでしっかり鉄分補給

貧血予防の最強食材といえばレバーです。吸収しやすい“ヘム鉄”がたっぷり含まれますから、雑炊や煮もの、炒めものに積極的に使いましょう。アクが強いので、下ゆですれば、より体に優しい食材に。

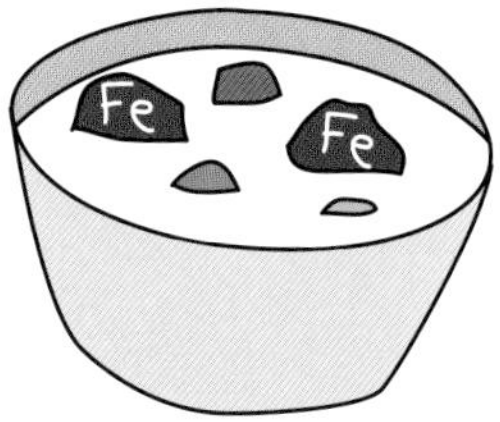

ヘム鉄たっぷり

コツ2

ひじきや高野豆腐で煮ものを作る

鉄分はアサリやハマグリなどの貝類に多く含まれますが、これらの食材は消化の面で犬には決して好ましいとはいえません。ひじきや高野豆腐、切り干し大根などで煮ものを作り、無理のない鉄分補給をしてあげてください。

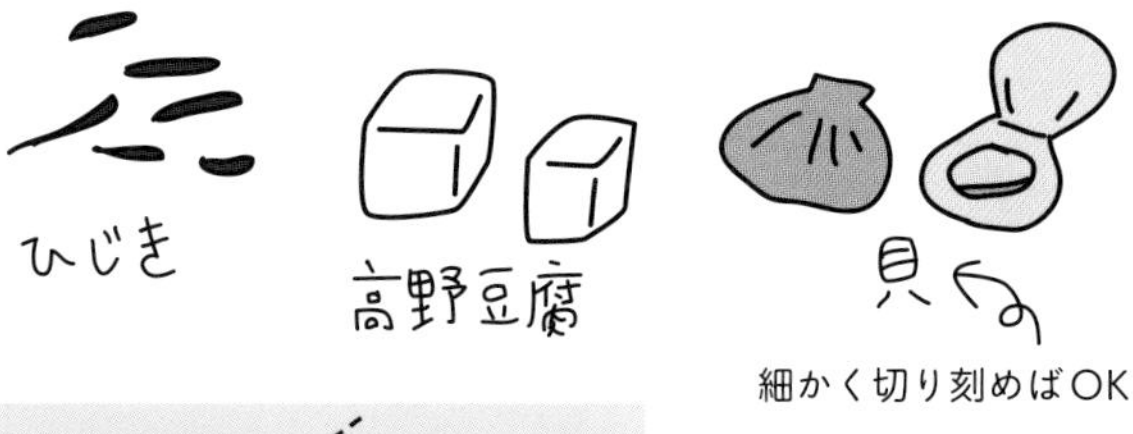

細かく切り刻めばOK

＋《プラス》ワン！ アドバイス

NG食材とまではいきませんが、鉄分豊富なイメージのあるほうれん草は、吸収率が低いことや結石の原因になることもあり、犬にはおすすめとはいえません。

コツ3

肉や魚で血肉を強くする

貧血というと鉄不足と思いがちですが、肉や魚で肝心の血肉となる動物性タンパク質もしっかり摂るようにしましょう。

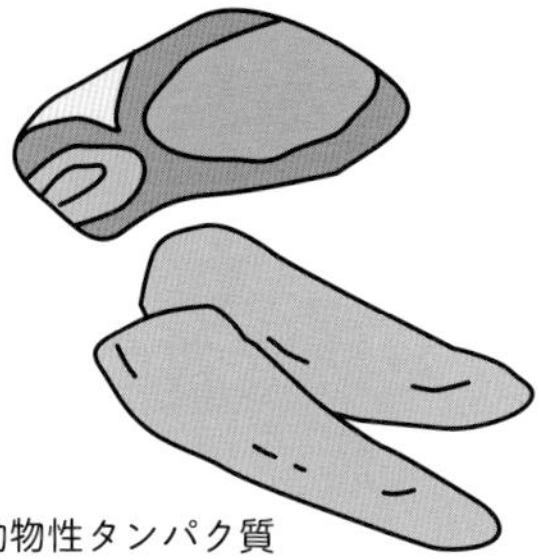

動物性タンパク質

コツ4

食べ合わせで吸収率をアップ

ブロッコリーやピーマン、果物に多く含まれるビタミンCは、鉄分の吸収を助けます。レバーやひじきと一緒に摂ると吸収率がアップします。

鉄分吸収率アップ↑

Point

効率よく鉄分補給する貧血対策メニュー

貧血対策には、鉄分の吸収を助けるビタミンCと、血球を作るビタミンB12や葉酸を一緒に摂るのが効果的です。

レバーと野菜の炒めもの

レバーは鉄分、ビタミンB12、葉酸のすべてを含んだ優れもの。ビタミンCの豊富なブロッコリーやピーマン、パプリカと炒めれば貧血予防の王様メニューに

ひじきの煮もの

鉄分含有量ナンバーワンのひじきに大豆や干ししいたけを合わせれば、タンパク質＆ビタミンもバランス良くアップ！

ひじきと小松菜の卵焼き

卵焼きの具に、鉄分豊富なひじきや、鉄とビタミンの両方を含む小松菜、いんげん豆などを取り入れる

炒り高野豆腐

高野豆腐(鉄分)とさやえんどう(ビタミン)のコンビ。手間いらずの対策メニューが出来上がり！

食事と健康

犬ごはんのポイント 28

ローヤルゼリーで皮膚トラブルを解消

体をかいてばかりいるワンちゃんは、もしかしたら食物アレルギーかもしれません。

大豆や牛乳、牛肉、鶏肉、卵、とうもろこし、小麦など、アレルゲンとなる食物は犬によってまちまちですが、多くは皮膚トラブルとなって現れます。

アレルゲンを与えないように気をつけることが第一ですが、日頃からビタミンＨやコラーゲンで強い皮膚を作っておくことも予防になります。

コツ1

レバーとイワシでアレルギーに負けない体を作る

ビタミンＨとも呼ばれるビオチンには、アレルギー症状を緩和させる働きがあります。多く含まれるレバーやイワシを与えて、抗アレルギー体質を作りましょう。

ビタミンＨ vs ヒスタミン（アレルギーの原因）

コツ2

ローヤルゼリーを混ぜる

パーフェクトフードと呼ばれるほど栄養満点のローヤルゼリーを、手作りごはんに混ぜるだけで毛ヅヤが違ってきます。

毛ヅヤ UP ↑

ローヤルゼリー

犬のキ・モ・チ

ローヤルゼリーを食べるとお通じも良くなるし、元気が湧いてくるんだ。アピシンという成分が体に良いんだって。でも、ローヤルゼリーがアレルゲンになる犬もいるから気をつけてあげてほしいワン。

コツ3
コラーゲンで皮膚のケアを

老犬になれば、ある程度の皮膚の荒れは避けられませんが、コラーゲン豊富な鶏肉や魚は肌のかさつき予防になります。

コツ4
ビタミンAで新陳代謝を活性化

ビタミンAの豊富なレバーや緑黄色野菜を与えて、皮膚や粘膜の新陳代謝を促しましょう。

Check!

こんな症状が出たらアレルギーを疑おう

- ☐ 頻繁に体をかいている
- ☐ 皮膚がただれている
- ☐ 皮膚がベタベタする
- ☐ 耳の裏が赤くなっている
- ☐ 目ヤニが大量に出る
- ☐ 湿疹がある
- ☐ 地肌に赤みがある
- ☐ 特定の箇所の抜け毛が多い
- ☐ 頻繁にくしゃみをする

アレルギー症状の出やすい犬種

- シー・ズー
- フレンチ・ブルドッグ
- ウエスト・ハイランド・ホワイト・テリア

など

生活

犬ごはんのポイント 29

名前を呼んでごはんを与える

飼い始めの頃に忘れてはならないのが名前を覚えさせること。「ポチにしよう」「いやいや、白の毛色がきれいだからシロにしよう」と、家族会議であれこれ相談して決めた名前も、肝心の犬に伝わらなければ意味がありません。「シロ＝自分のことだ」と分かるようにするには、「シロ、散歩に行こう」「シロ、ごはんだよ」と名前を呼びかけるようにしましょう。

厳密には犬は自分の名前を認識するわけではありませんが、〝その単語に反応するといいことがある〟と分かれば、応えるようになります。

コツ1

名前を呼んでごはんを与える

「シロ、ごはんだよ」と呼びかけても、初めのうちは無反応だったり、あるいはごはんの匂いだけで飛びついてきたりしますが、これを根気よく続けていれば、「シロ」に反応することでごはんをもらえると分かるようになります。

名前＝ごはん♪

コツ2

水やおやつを与えるときも

自分の名前に早く反応するようになるのは、やはり食べものです。「シロ、おやつだよ」「シロ、ごはんだよ」「シロ、お水だよ」と声をかければ、「シロ＝ごはん＝いいこと」と脳が働くようになります。

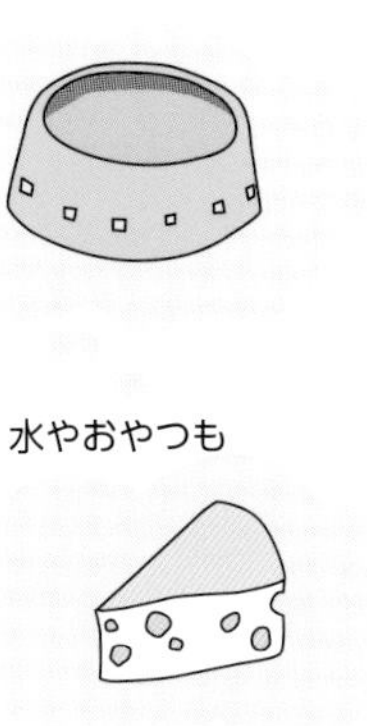

水やおやつも

犬のキ・モ・チ

ご主人様に怖い顔でなにかいわれると萎縮しちゃうんだ。あまり叱られ続けると、名前を呼ばれただけで逃げ出したくなっちゃう。

コツ3

叱るときは名前を呼ばないように配慮する

「名前＝いいこと」と覚えさせるには、叱るときに名前を呼ばないことも大切です。「シロ、こぼしちゃダメでしょ」と、名前の後に否定が続けば、「シロ＝怖いこと」と感じてしまいます。

名指しで叱られると
トラウマになってしまう

Point!

こんなときに名前を呼ぼう

- ごはんや水を与えるとき
- 散歩に出かけるとき
- ボールなどで一緒に遊ぶとき
- ブラッシングをするとき
- なでてあげたいとき、スキンシップを図るとき
- しつけができてご褒美をあげるとき

こんなときは名前を呼ばないように配慮しよう

×…呼ばない方が良い　△…個体差があるので様子を見ながら慎重に

×注意するとき、叱るとき

×病院で検査するときや注射を打つとき

△初めて車に乗せるとき
（慣れない環境に緊張、警戒する）

△体を洗う、お風呂に入れるとき
（水が苦手な犬もいる）

△留守番させたいとき
（不安がって吠える犬もいる）

△客が来たとき
（知らない人に緊張する犬もいる）

生活

犬ごはんのポイント 30

しつけに利用したい"手渡しご褒美"

「おすわり」と言葉でしつけをしてもいうことを聞いてもらえないとき、効果的なのが手渡しでご褒美をあげることです。犬は食いしん坊さんですから、尻尾を振って興味を示します。

ご褒美に一番適しているのがドライフードです。これを手に握りしめながら「ハイ、おすわり」と声をかけて、出来たときにあげれば「大好きなフードをもらうためにはどうしたらいいだろう」と一生懸命考えるようになります。

コツ1
1日分のフードを使う

手渡しご褒美をあげたら、そのぶんは１日のフード量から差し引くようにしてカロリーオーバーにならないようにしましょう。その都度計算するのはややこしいですから、毎回、同じ分量をポーチに入れておき、あげるようにするといいでしょう。

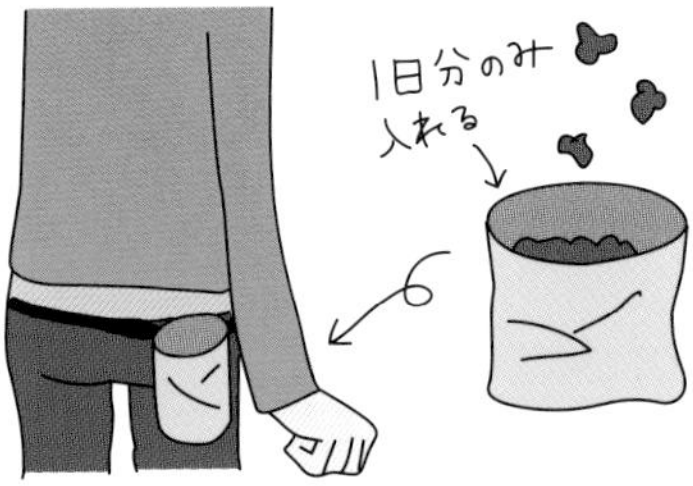

コツ2
家族で指示語を統一する

犬のしつけには家族全員が同じルールで行うことが大切です。例えば「待て」と指示する人と「ストップ」と声をかける人がいたら犬は混乱してしまいます。あらかじめ家族でルールを決めて守るようにしましょう。

犬のキ・モ・チ

がんばって「おすわり」の練習をしているのに、いつもと同じじゃ飽きちゃうワン。たまには好物をくれたら、もっとがんばって覚えるよ。

プラス ワン！アドバイス

おやつへの興味は、空腹時ほど強いものです。どうしても覚えさせたいコマンドは、ごはんの前など空腹時を狙って行えば効果が上がります。

コツ3

大好きなおやつを利用する

大切なコマンドを教えるときには、犬の好物を与えると効果が上がります。あらかじめ何が好物なのかを把握して、ここぞというときにあげてください。

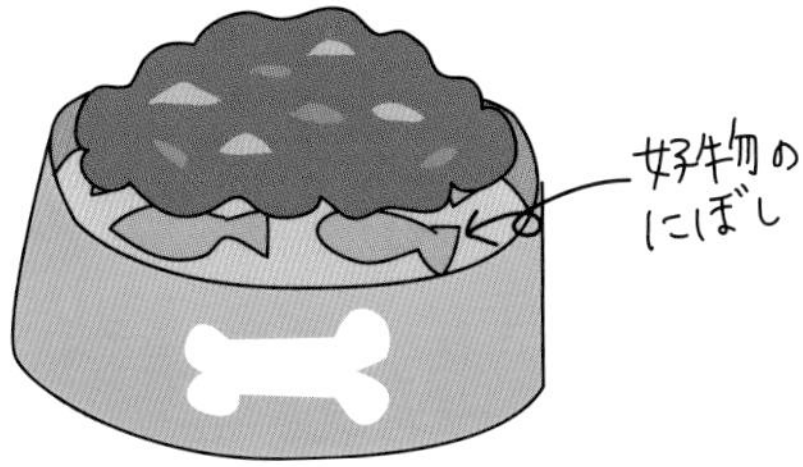

犬は好物が欲しいので学習効果も大幅にUP!

Point

正しいご褒美の与え方

① 犬に差し出す手はグーの手で

フードは手のひらに置いて握りましょう。そのほうが犬はがっつきません

② 口元で手を開く

フードを与えるときは、犬の口元で手を開くようにしましょう

間違ったごほうびの与え方

フードを見せびらかさない

指でフードをつまんで与えるのはやめましょう。犬がフードだけに興味を示すようになり、しつけが難しくなります

生活

犬ごはんのポイント 31

来客時や留守中のしつけにおやつを使う

「待て」や「おすわり」も大切なしつけですが、それが出来たら訪問者に向かって吠えない、留守中に家具などをかじったりしないというしつけにも取り組みましょう。

　ただし、最初からお行儀にチャレンジしたのでは犬もプレッシャーを感じて、せっかくのおやつ作戦も台無しです。やはり最初は「おすわり」から始めるのがいいでしょう。

コツ1 来客からおやつを与えてもらう

来客者におやつを与えてもらうと、犬は「いい人」と判断して吠えなくなります。玄関におやつを置いといて来客者におやつをお願いするのもいいですね。

コツ2 コングを利用する

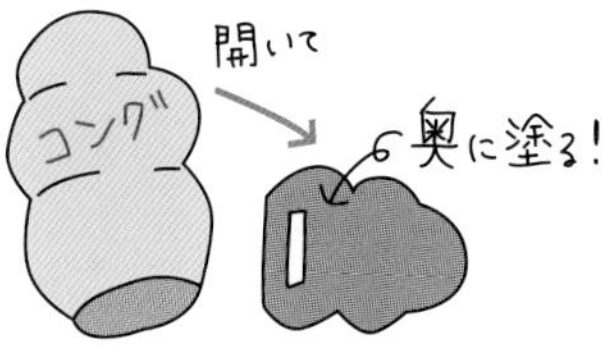

おもちゃの中におやつやペーストを詰めて遊ばせるコングを活用しましょう。コングに熱中して飼い主が外出したのを忘れてしまいます。内側のふち部分におやつを塗れば犬が舌を入れても簡単に取り出せません。

コツ3 留守番おやつは日替わりに

人でも毎日同じおやつでは飽きちゃいますね。犬もおやつが日替わりになれば、喜びますし、しつけの効果も上がります。

＋《プラス》ワン！アドバイス

出かける前に愛犬に「イイ子にしていてね、すぐに帰ってくるから」などと話し掛けたり、触ったりするのは避けましょう。なにごともなかったように目を合わせないで、無視するように出かけるようにしてください。

コツ4
水飲みボウルには多めの水を

留守中に喉が渇いたときを考慮して、水は多めに入れておきましょう。フードを食べると喉が渇き、水を飲むという流れになります。

水飲みボウルには
水をたっぷりと入れる

MEMO

愛犬が留守番上手になる小道具

かじり予防おもちゃ

壁紙やテーブルの脚などをかじらせないようにするには「かじり防止おもちゃ」が役立ちます

ラジオ

留守中はラジオをつけておくと心細さが紛れて、安心して眠れるようになります。飼い主の声を録音して、それを流すのもおすすめです

整理整頓をして外出をする

床に洋服や小物が散乱していると、遊び道具と勘違いしてしまいます。留守中にイタズラされないように、出かける前は部屋をきれいに片づけましょう

しつけの効果テキメンのおやつメニュー

いちごとミルクジェリー

暖かい季節のひんやりおやつ。
栄養たっぷりでヘルシー、ダイエット中のわんこにもおすすめです。

材料

フルーツ

いちご	10個

ゼリー

寒天	2本
パスチャライズ牛乳※	400cc
ヨーグルト	400cc
水	500cc

※パスチャライズ牛乳とは、特殊な釜を用いたパス殺菌という製法で作られた牛乳です。

作り方

① 沸騰した500ｃｃのお湯に、戻しておいた寒天を入れ、木べらでかき混ぜる

② 一度軽く温めて冷ました牛乳にヨーグルトを入れてかき混ぜる

③ 冷ました寒天と牛乳ヨーグルトを型に流し込み、食べやすい大きさにカットしたいちご半分を入れる。冷蔵庫にしばらく置き、固まってきたら残りのいちごを上に飾りつけて冷蔵庫に戻す

④ ゼリーを食べやすい大きさにカットして出来上がり

ミートパイ

自家製ラタトゥイユソースを使って、さっくりと焼き上げた極上おやつ。
特別な日のごはんやしつけのご褒美にどうぞ。

材料（中型犬２頭分）

牛豚合挽き肉	300g
ラタトゥイユソース（作り方①参照）	400cc
無塩バター	150g
強力粉	60g
薄力粉	140g
水	90cc
オリーブオイル	適量
にんにく	少々

作り方

① 犬用ラタトゥイユソースを作る。中火で温めた鍋に無塩バター５g とオリーブオイル少々をひき、ナスやピーマン、ズッキーニなどをお好みでみじん切りにして軽く炒める。弱火にしてトマトジュースとトマトピューレを少しずつ加え、木べらでかき混ぜ、トロトロになったら岩塩を少々加えて出来上がり

② ミートパイの具を作る。フライパンを中火で熱してオリーブオイルをひき、にんにくと合挽き肉を炒める。肉に火が通ったらラタトゥイユソースを加え、ボウルに移して冷ます

③ パイ生地を作る。ボウルに粉と５mm 角にカットしたバターを入れ、ボウルを振りながら粉をまぶす。少しずつ水を加え、水分がなくなるまでへらでさっくりと混ぜる（かき混ぜないように注意）

④ 生地をビニール袋に入れ長方形に型取ったら、袋の上からひじや手のひらでこねる。適当なところで形を長方形に整え直し、それを半分に折り、さらにこねるを何度か繰り返す。ほっぺのような軟らかさになったら冷蔵庫に入れて１時間寝かす（時々、様子を見ながら、生地を伸ばしてはもとの長方形に戻すという作業を繰り返すと、よりしっとりする）

⑤ 時間になったら生地を冷蔵庫から出し、包丁で半分に切る

⑥ ラップに生地の半分を置き、その上にラップを敷き残りの半分を置き、さらにラップをかぶせて、麺伸ばし棒で生地を円形に伸ばす

⑦ パイ皿に空気が入らないように生地を敷き、冷ましたラタトゥイユソースをまんべんなく盛りつける。もう１枚の生地は細長く切り分け、ラタトゥイユソースの上から交互に交差するように載せる。縁は上下の生地をくっつけるようにフォークで押しつぶす

⑧ 250℃の予熱で温めたオーブンに生地を入れ、約 50 分焼いて完成

生活

犬ごはんのポイント 32

毎日の散歩で肥満を予防する

豊かな食生活の中で、「最近うちの子、すっかり太っちゃって」と愛犬の肥満を嘆く飼い主は少なくありません。

太らないようにと食事のカロリーカットを意識するのは良いことですが、散歩の習慣がなによりの肥満予防ということを忘れないでください。

ごはんと散歩はセットと心得て、健康的なダイエットを心がけましょう。

コツ1

散歩とごはんをセットにする

散歩の回数は1日2回が理想的です。朝・夕のごはんの前に10分散歩と決めて習慣づけるようにしましょう。

コツ2

室内遊びで体を動かす

室内で遊ばせて運動量を確保するのもいいでしょう。ただし、さまざまな体験ができる散歩は、愛犬にとって大切な時間ですから、できる限り外に連れ出してあげてください。

ボール遊びで運動を

犬のキ・モ・チ

散歩は、体が大きくて活発なほど長い時間が必要になるんだ。距離ではなくて、寄り道したり休憩したり、いろんなものと触れ合いながらだと刺激的で楽しいワン。

＋《プラス》ワン！アドバイス

室内・屋外など飼っている環境によって運動量は違いますし、避妊・去勢手術を施した犬は太りやすいという性質もあります。愛犬の体質や環境をふまえて散歩の内容を考えてみてください。

コツ3
ごはんの量を減らして回数を増やす

ダイエットのためにいきなりフードの量を減らすと、満足できずストレスを覚えさせてしまうことにもなりかねません。そこで、量を減らして3回、4回と小分けに与えてみてください。何回もごはんをもらえることに意外と喜んだりします。

小分けにして
与えるのも一つの手

Point

肥満体型の見極め方

痩せ型

肋骨や骨盤が外から見える。触っても肉感がなく、腰のくびれと腹部の吊り上がりが顕著

理想型

ふっくらとしたお腹を軽く押さえれば肋骨に触れる。腹部の吊り上がりがある

肥満型

肋骨に触れないほどお腹が脂肪に覆われている。腰のくびれや腹部の吊り上がりがなく、むしろ垂れ下がっている

※ 環境省「飼い主のためのペットフード・ガイドライン」参照

生活

犬ごはんのポイント 33

偏食は散歩と調理でコントロール

人にも食べものの好き嫌いがあるように、犬にも好き嫌いがあります。だからといって、いつも喜ぶものを与えていると偏食になりがちです。

偏食は栄養バランスが良くありませんから、生活習慣病を招きかねません。

幼犬のときから、いろいろな食材を与えることで好き嫌いをなくしましょう。

コツ1
長めの散歩で空腹感を増進

お腹が空いていれば好き嫌いなんていってられません。ワンちゃんも同じです。偏食するようでしたら散歩を長めにする、運動量のある遊びをさせるなど、空腹になるような工夫をしてみてください。

コツ2
食べものの調理方法を変えてみる

よくよく観察してみるといつも残しているものはありませんか？　そんなときは食材を細かく刻んでみたり、または炒める、ゆでるといった調理方法や味つけに変化をつけてみましょう。

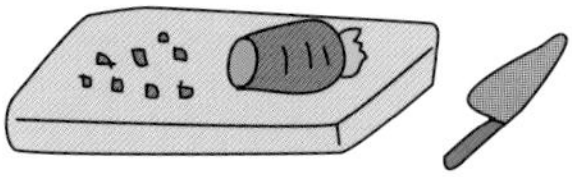

＋《プラス》ワン！アドバイス

苦手な食べものは、好きな食べものと一緒に混ぜたり、こね合わせたりして、一つの食べやすい大きさのボール状にして食べさせるなどしてみてください。

コツ4
偏食と食欲不振を見極める

好きな食べものも食べなくなるのは、体調や精神的に変調をきたしている可能性があります。医師に相談しましょう。

状況を獣医に相談

コツ3
キャットフードも試そう

愛犬がドッグフードを食べ残すようなら、ドッグフードに少量のキャットフードを混ぜるのもいいでしょう。魚系の味に食がすすむ犬もいます。ただし犬用ではありませんから、キャットフード100%はおすすめできません。

Point

それでも偏食が治らなければ…

わがままは放っておく

偏食がガンコなら、ごはんを与えて30分たったら食べていなくてもさっさと片づけてしまいましょう。そしてワンちゃんが見ている前でゴミ箱に捨ててしまい、後は知らん顔をします。これで「食べないとごはんを捨てられる」と理解させるようにします

偏食が治るまでおやつはお預け

ごはんを口にしなかったり、食べ残しがひどいときにはおやつをあげないようにしましょう。ごはんを食べないとおやつがもらえないと分かるようになり、嫌いなごはんでも食べられるようになります

生活

犬ごはんのポイント 34

ウンチはすぐに片づけて食糞を防止

犬がウンチを食べてしまうことを「食糞」といいます。汚らしい行為で信じられないかもしれませんが、異常行動ではありません。糞にドッグフードなどの匂いがついていて、おいしそうだなとパクッとやってしまうのです。散歩中に見かけた他犬や猫の糞は寄生虫の恐れもありますから、食べさせないように十分注意しましょう。

これも飼い主の配慮しだいで防止できます。食べそうなときに必ずやめさせましょう。

コツ1

ウンチはすぐに片づける

食べる機会そのものをなくすために犬の排便リズムを観察して、犬がウンチをしたらすぐに片づけるようにしましょう。

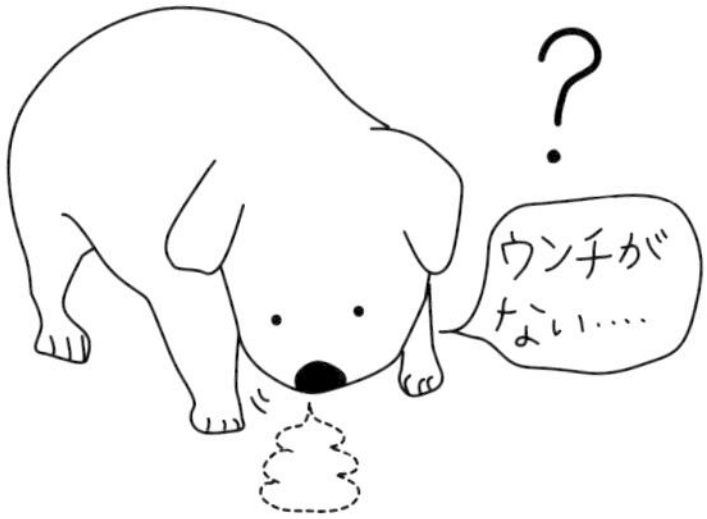

コツ2

食事の量が足りていない可能性も

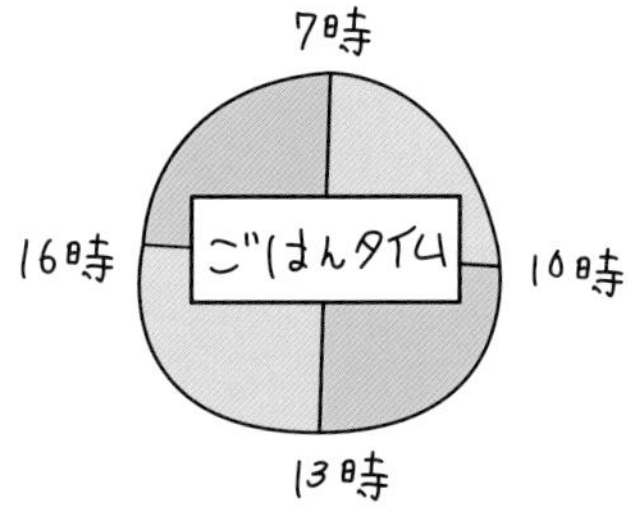

ウンチに興味を示すのは、お腹が空いているというケースも考えられます。ごはんの時間は規則正しくというのが基本ですが、空腹状態にしないためにごはんタイムを複数回に分けてみてください。

犬のキ・モ・チ

子犬は特に好奇心旺盛だから、散歩中にいい匂いがしたらついペロッとやってしまうんだ。

+《プラス》ワン!アドバイス

愛犬がウンチに顔を近づけると、つい大声で叱ってしまいそうですが、相手は何を叱られたのか分かりません。リードを引いて近づけないようにコントロールし、食糞は悪いことで、飼い主が嫌がっていることを理解させましょう。

コツ3
別のフードに切り替える

ウンチに興味を示すのは、フードが消化されずに匂いが強く残っていることも考えられますので、消化吸収の良いフードに替えてみるのも方法です。ただし、いきなり違うフードになると食べなくなる犬もいますから、それまでのフードに新しいフードを少し混ぜ、徐々にその量を増やしていくといいでしょう。

少しずつ
新しいフードに替える

MEMO

腸内環境を整えよう

キツイ臭いと軟便には注意を！

「臭いがキツイ」「軟便」といったウンチの状態が悪いのは、人間と同じように「腸内の環境」が悪化して消化吸収能力が落ちている可能性があります。臭いがキツイだけならまだいいのですが、毒素が発生することで免疫力が低下し、さまざまな病気を引き起こす原因になります

生食を与えて改善しよう！

腸内環境を整えるのに有効とされているのが､生食に多く含まれる「酵素」と「プロバイオティクス」です。これらは熱に弱く加熱すると死滅してしまうため、加熱処理されたドッグフードでは補えません。生食を定期的に与えるようにしましょう

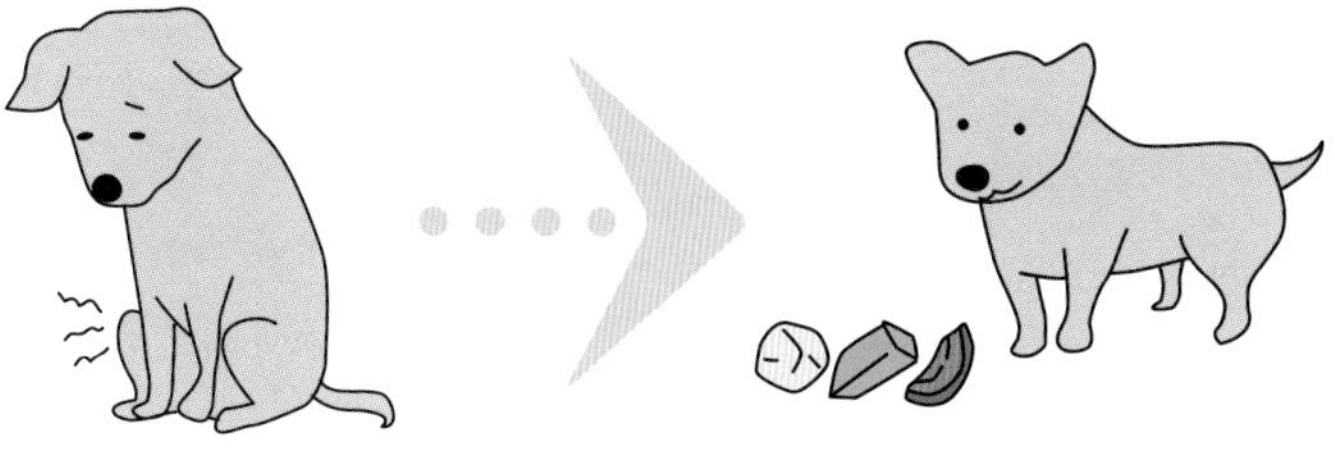

犬ごはんのポイント 35

盗み食いは徹底した後片づけで防止

ごはんを食べて1時間もしていないのに、食べものを見つけると飛びついてしまうワンちゃんがいます。それは犬の習性で、普段のごはんの量が少ないのではと悩むことはありません。ここで注意したいのが「盗み食い」です。

盗み食いは飼い主の見ていないところで行いますから、ごはんやおやつを普段通りにあげると肥満や内臓疾患を招いてしまう恐れがあります。盗み食いができない環境を作ってあげることも飼い主の愛情ですね。

コツ1
見える場所に食べものを置かない

誰も席についていない食卓に食事が並んでいると犬は素早くパクッとやってしまいます。食事を並べるときは誰かいるか、あるいは犬を別部屋に連れ出しておきましょう。食後のテーブルは早目に片づけるように心がけてください。

コツ2
盗み食いをしたらすぐにおやつと交換

もし犬が盗み食いをしたら、好物のおやつを素早く口元に持っていき気を引いて、くわえた食べものと交換をしましょう。ただし、この物々交換に味をしめる犬もいますから、毎度同じことを繰り返してはいけません。

プラスワン！アドバイス

お菓子など冷蔵庫に入れない食べものは、高い棚などに保管するようにしましょう。

犬のキ・モ・チ

テーブルの上のご主人様のおやつを食べようとしたら、大好きなおもちゃが目の前に。ついついそっちに興味が移っちゃったワン。

コツ3
テーブルからイスを離しておく

犬にとって絶好の盗み食いの場所がテーブルの上です。小型犬でもイスをつたうと簡単に上がってしまいますから、食事を並べるときはイスをテーブルから離すようにするといいでしょう。

犬がテーブルに上がらないように
テーブルとイスの間は十分に距離を取ろう！

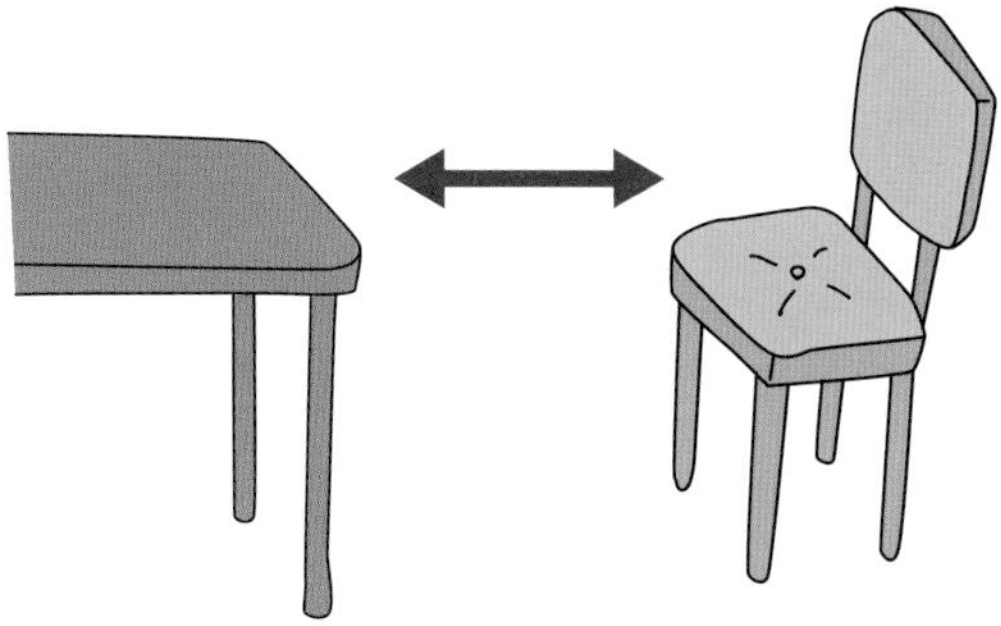

MEMO

盗み食い防止の奥の手

食べものにタバスコやからしをつける

食べものに、体の害にならない程度にタバスコやからしをつけておいて盗み食いさせるのも一つの方法です。テーブルの上の食べものが「マズイ」と分かれば、盗み食いをやめるきっかけになるかもしれません

わざと盗み食いをさせて叱る

赤ん坊にいい聞かせるように叱ってあげましょう。怒鳴り声は恐怖心を植えつけるだけです

緊急時はケージの中に

急な外出で片づけができないときには、ケージに入れて出かけるようにしましょう

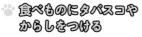

生活

犬ごはんのポイント 36

おねだりは心を鬼にして無視する

目の前の食べものを欲しがるワンちゃんは、飼い主が食事をしているのを見つけると、尻尾を振っておねだりしてきます。そんなとき、可愛らしいしぐさにほだされて食べものを与えてしまうと、それがクセになってしまいます。

それは、愛犬の健康管理を考えると決していいことでありません。心を鬼にして与えないようにしましょう。

コツ1

犬の前では間食をしない

食いしん坊という習性を考えると、犬の前では食事をしないのが飼い主のエチケットかもしれません。特にカロリーの高いおやつなどは犬の前で食べないように習慣づけましょう。

コツ2

叱るのではなく無視するように

犬がおねだりしてきても、「うるさい！」とか、「ダメ！」と叱ってはいけません。犬は飼い主が叱ったことに対して「おねだりに応えてくれるかも」と期待をもってしまいます。あきらめさせるには無視するのが一番です。

犬のキ・モ・チ

ご主人の食事をおねだりしていると、予想もしなかった好物の「おやつ」がもらえたワン。一度もらえると期待しちゃうから、くれないほうが嬉しいな。

コツ3

家族と同じ時間に食事を

愛犬のごはんタイムは家族と同じタイミングというのが理想的です。その前に散歩に連れて行けば、お腹も空いていますから、おねだりも忘れて自分のごはんに夢中になるはずです。

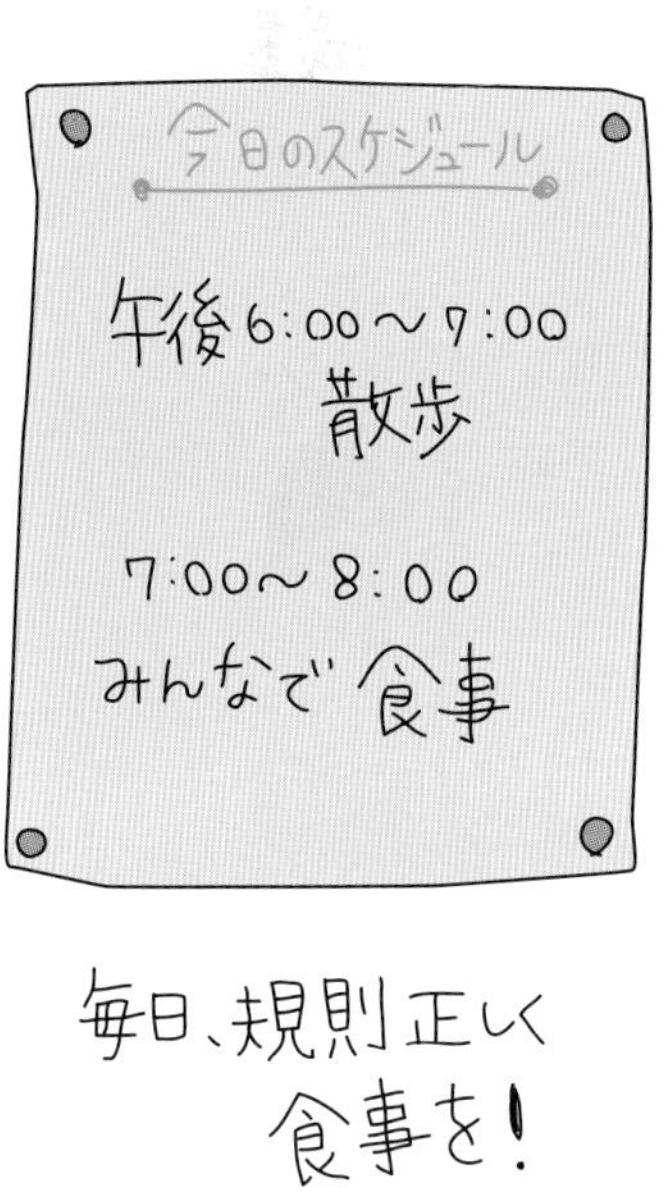

＋《プラス》ワン!アドバイス

来客などで食事の時間がずれてしまったら、犬の気をそらすためにおもちゃや歯みがきガムを与えるのもいいでしょう。

Point

おねだりが直らないときは…

ケージに入れる

おねだりが直らないときは、食事中はケージの中に入れておきましょう

別の部屋に連れて行く

ケージに入れても「ワン、ワン」と吠えておねだりするようだったら、かわいそうでも別の部屋に移動しましょう。何回か繰り返せば「おねだりをすると飼い主と離されてしまう」と覚え、吠えなくなります

生活

犬ごはんのポイント 37

唸り・吠えグセは手渡しで安心感を

ワンちゃんの食事姿が可愛くて、つい頭をなでると「ウゥー」と唸ることがありますが、これは「ごはんを取られるかもしれない」と警戒して唸っているのです。

子犬の頃、食事中に構うと唸りグセがつき、なかなか直らないばかりか、ストレスで食事を取らなくなることもあります。愛犬とのスキンシップは食後に楽しむようにしたいものです。

コツ1
手渡しをして安心感を与える

必ず手で渡すように

ごはんを手渡しで与えるようにすると、「食べものはご主人様がくれるもの」と考えるようになります。アイコンタクトを取り、ごはんを手で渡すようにすると、安心してごはんを食べるようになります。

コツ2
リラックスした場所で与える

周りを警戒しながら食事をする犬の心理を考えると、食事を与える環境には配慮したいものです。「ここなら安心」とリラックスできるように、いつも同じ場所で食事を与えるようにしてください。

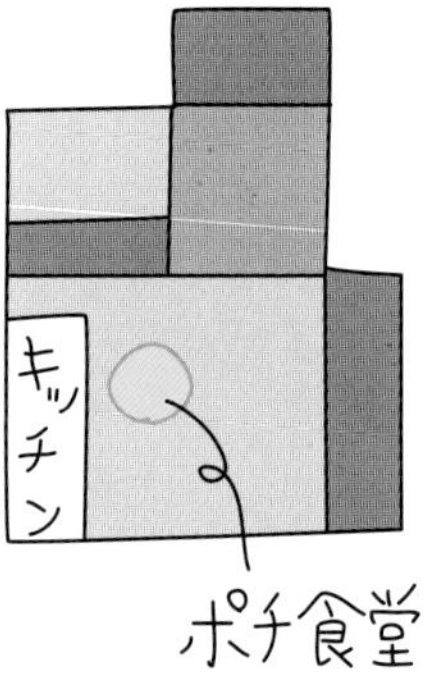

プラスワン！アドバイス

ケージやハウスの位置を頻繁に変えないようにしましょう。飼い主の気分で変えていると愛犬はストレスが溜まり、吠えグセが悪化することになりかねません。

犬のキ・モ・チ

最近、散歩に連れてってもらえなくてストレスは溜まるばかりだワン！だからついつい唸ったり、吠えたりしちゃうんだよね。

コツ3
唸りグセはおやつで直す

「唸りグセ」とともに困るのが「吠えグセ」です。唸りと違って、これは近隣の迷惑にもなります。おやつを見せて「おいで」をして、吠えないようにしむけてください。吠えグセを矯正するのは飼い主の大事な役目です。根気よく取り組んでください。

Check!

犬が「吠える」理由はいろいろ

「人の気をひく」ために吠える
飼い主にそばにいてほしいとき。「ワン、ワン」と飼い主の様子を見ながら吠える

「不安」になって吠える
飼い主がいないなど不安なとき。「キュン、キュン」といった鼻鳴きをするのが特徴

「興奮」して吠える
遊びに夢中だったり、飼い主の帰宅時の吠え方。「ワンワンワンワン！」と連続で吠え続ける

「威嚇」するために吠える
外敵から身を守るとき。「ウ～、ワンワン、ウゥ～、ワン！」と低い声で唸りながら吠える

「退屈」で吠える
慢性的な運動不足や刺激不足のとき。「ワォーン、ワォーン」と遠吠えのようになる

「怖く」て吠える
恐怖心を抱いた人やものに対して吠える。「ウォン、ウォン」と甲高い声で吠える

生活

犬ごはんのポイント 38

拾い食いはリードでコントロール

散歩中、急に立ち止まって鼻をクンクンさせたかと思ったら、落ちていたものをパクリ。「ごはんを食べたばかりなのに。うちの子は食い意地が張っているのかしら……」と眉をひそめてしまいそうですが、ご心配なく。これは犬の野生時代の本能がそうさせているのです。

それでも拾い食いは危険ですから、しないようにキチンとしつけましょう。

コツ1
ゴミが落ちていそうな場所は避ける

危険物がいっぱい

ゴミ箱の近くや道の端、植え込みの近くには、腐った食べものやゴミが落ちていることが多いので、リードを短く持って近寄らないようにコントロールしましょう。

コツ2
散歩中の草も食べさせない

犬が草を食べる理由は、お腹の調子が悪かったり、毛づくろいで胃腸に溜まった毛を吐き出すためといわれています。しかし、雑草には除草剤などがついている可能性もあります。草は庭など安全が確認できる場所を探してあげてください。

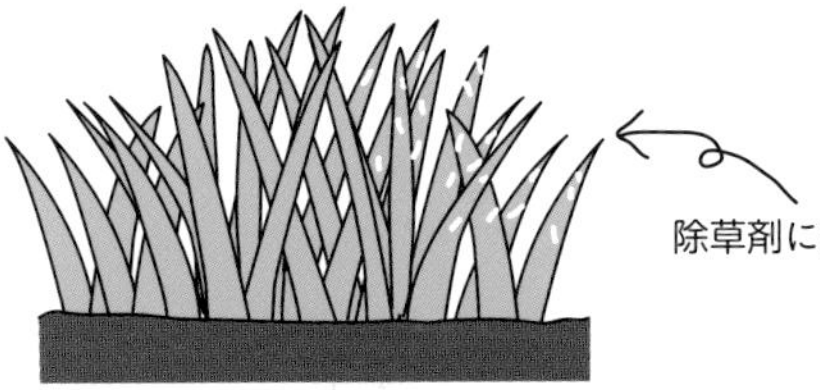

除草剤に注意！

犬のキ・モ・チ

おやつをいつもご主人様から手渡しでもらうことにしているんだ。だから、その他の食べものには興味がなくなったワン！

コツ3

拾い食いをしたら口から取り出す

もし散歩中に食べものを拾い食いしたら、すぐに口に手を突っ込んで、「ペッペ」や「出す」という言葉(コマンド)を繰り返しいって口の中から取り出しましょう。一度では無理でも数回繰り返せば、コマンドをいった瞬間に吐き出すようになります。また、食べようとした瞬間に「ダメ！」というコマンドを発することで拾い食いが悪いことだと犬は悟り、やめるようになります。

Point

拾い食い防止のしつけと対応策

わざとフードを落として食べさせないようにする

家でおやつなどをわざと床に落としておき、犬が食べようとしたらリードを引っ張って食べるのを諦めたらご褒美におやつを渡します。これを繰り返し練習すれば、拾い食いをしない賢い犬に

ペットショップの「犬用の草」を利用する

整腸作用のある草は、犬にとっては大切な食べもの。ペットショップで売っている「犬用の草」を利用して健康管理に配慮しましょう

プランターで犬用の草を作る

ベランダなどで犬用の草を栽培するのも一つの方法。代表的なものにえん麦があります。水やりだけで簡単に栽培できます

生活

犬ごはんのポイント 39

誤食したらすみやかに獣医に相談

拾い食いで一番危険なのが、たばこなどの誤食です。ものによっては命に関わる事態になりかねません。

　もちろん、散歩中に限らず、家にいるときも靴下やボタン、マグネットなどを飲み込むケースがよくあります。

　愛犬が万が一誤食しても慌てないよう、その対処方法と予防の仕方を事前に学習しておきましょう。

コツ1
まずは病院に電話をする

もしも異物を飲み込んだら、すぐにかかりつけの病院に電話をして、飲み込んだものの種類、形、大きさを伝えて獣医さんの判断を仰ぎましょう。たとえ小さなものでも自己判断しないでください。

コツ2
無理に吐かせない

異物を飲み込んでも慌てて吐かせてしまうと、異物が喉に詰まってしまったり、鋭利なものだと食道を傷つける危険性がありますからやめましょう。

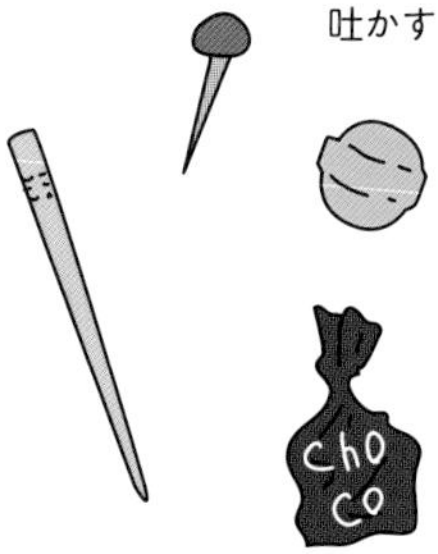

プラス ワン! アドバイス

病院に行くほど深刻でない場合は、翌々日までウンチに異物が混じっていないか、ウンチを透明のビニール袋に入れてつぶしながら異物を探してください。

コツ3
誤食直後には食べものを与えない

獣医さんから「自宅で様子を見て……」といわれても、すぐにはごはんを与えないようにしましょう。しばらく観察して異変がなければ、ごはんをあげてください。また、異物を吐き出しても、30分ぐらいは様子を見て水や食べものは与えないようにしましょう。

誤食したら、
すぐにごはんを与えず
様子を見よう

犬のキ・モ・チ

うちの床にはいろんなものが散乱しているんだ。この間も口に含んで遊んでいたら飲み込んじゃったワン！ もっとキレイにしておいてくれたらあんなことにならなかったのに。

MEMO

拾い食い防止のしつけと対応策

家の中も誤食しやすい危険物がいっぱい。犬が口に含んで遊ばないように整理整頓を心がけよう！

靴下、乾燥剤、ボタン、小さなおもちゃ、
砂、昆虫、チキンの骨、たばこ、
ペットボトル、ラップ、ビニール、
ティッシュ、ぬいぐるみ・クッションの綿、
竹串・つまようじ、ひも、
アイスの棒、果物の種、人用の薬、
針・ピン、マグネット、電池などの金属、
タオル・ハンカチ

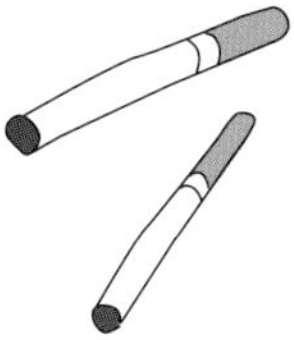

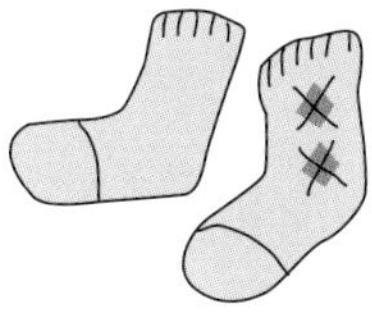

生活

犬ごはんのポイント 40

頻繁に水を欲しがるときはオシッコを確認

犬も人間と同じように、体を健康に保つために水分補給は欠かせません。気候の寒暖によって多少の増減はありますが、1日に飲む量を把握しておきたいところです。その上で、いつもより頻繁に水を欲しがる、逆に水を飲まない場合は、病気の疑いがあります。

水分の摂り方に変化が見られたら、必ずオシッコをチェックしましょう。色や臭いなどで健康状態をある程度知ることができます。

コツ1 1日に飲む水の量を知る

健康な犬の1日の飲水量は、体重1kgあたり50～70mlほどです。これを体重8kgの犬で計算すると、500mlペットボトル1本ほどの量になります。明らかに普段よりも飲む水が多い場合は、腎臓などにトラブルが生じている可能性があります。

コツ2 血尿などがないかチェックする

オシッコは腎臓でつくられ、膀胱に溜まったものが尿道を通って体外に排出されます。この過程で炎症や傷、腫瘍、結石があると、「血尿が出る」「白く濁る」「異常に臭い」といった異状が出るので、日頃から観察しましょう。

コツ3 おもらしや垂れ流しも病気の恐れ

オシッコの仕方も観察してください。おもらしや垂れ流す場合は膀胱炎や尿道炎の疑いがあり、オシッコに時間がかかるようだと前立腺炎、前立腺肥大などの可能性があります。

コツ4
異変に気づいたら病院へ

血尿や白く濁ったオシッコが出たり、おもらしや垂れ流しが続く場合は、早めに病院に連れて行くのがいいでしょう。

+《プラス》ワン！アドバイス

水を飲まなくなるのも深刻な病気の可能性があります。胃腸炎、腎臓病、肝臓病などの内臓疾患や、口内に腫瘍ができているケースも考えられますから、ドクターに診てもらいましょう。

Point

オシッコに異変が出やすい主な病気

膀胱炎

尿道から細菌が侵入して膀胱が炎症を起こす病気。尿道が短いメスが発症しやすい

膀胱腫瘍

膀胱内にできた腫瘍が膀胱を圧迫して血尿が出たり、尿が出にくくなる。シニア犬がなりやすい

尿石症

尿道や膀胱などに結晶や結石ができる病気。排尿を痛がり、オシッコも出づらくなる

前立腺炎

オスの病気で高齢になるとかかりやすい。オシッコをするのに時間がかかり、1回あたりの量も少ない

前立腺肥大

ホルモンのバランスが崩れて前立腺が肥大する。症状は血尿が出たり、排泄困難になる

前立腺腫瘍

オスのみがかかる病気。高齢になるほどかかりやすく、オシッコやウンチがなかなか出ない

尿道炎

尿道に細菌が入り、かかる病気。排泄を痛がったり、血尿が出る

慢性腎不全

腎臓が正常に働かなくなる。オシッコが無色透明で無臭になり、食欲不振に陥る

急性腎不全

腎臓が急に働かなくなり、オシッコが少量、もしくはまったく出なくなる

クッシング症候群

ホルモンが異常に多く分泌される病気。6歳以上の犬に多く見られる

糖尿病

血液中の糖が異常に多くなる病気で、水を大量に飲み、オシッコの量が増える

生活

犬ごはんのポイント 41

ドライブ前はごはんを抜いて車酔いを防ぐ

犬も車酔いをします。普段よりもおとなしくなって口の周りが湿っぽくなり、よだれを垂らし始めたら要注意です。

ワンちゃんはこの次の交差点を右に曲がるとか左に曲がるというのを知りませんから、身構えて安定できないので酔いやすいのです。愛犬とのせっかくのドライブ、楽しく過ごすためにも車酔い防止を心がけたいものです。

コツ1

車に乗せる直前はごはんをあげない

胃袋に食べものが入っていると乗りもの酔いを助長します。出発前にはごはんをあげないようにしましょう。

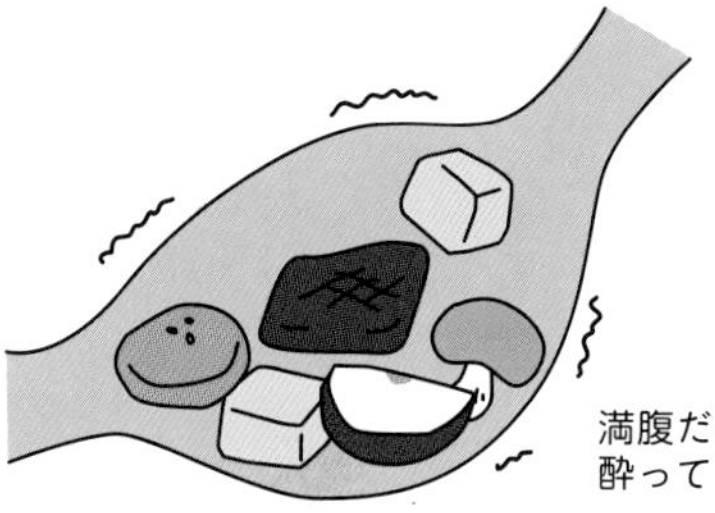

満腹だとよけいに酔ってしまう

コツ2

少しずつ車に慣れさせる

家族と一緒に旅行するなど初めて遠出する場合は、前もって車に慣れさせておきたいところです。まずはエンジンをかけた車に乗せて振動や匂いに慣れてきたら、近所のスーパーに連れて行くなど車に慣れさせてください。

犬のキ・モ・チ

うちのご主人は車に乗るときはクレートに入れてくれるんだ。これなら体が安定してあまり揺れないから、気持ち悪くならないワン！

＋《プラス》ワン！アドバイス

ドライブ中は可能な限り換気をし、1、2時間おきに休憩を取りましょう。休憩のときにトイレに連れて行き、水をあげたら少し散歩をすると、車酔い防止になりますよ。

コツ3 車内のたばこは禁物

匂いに敏感なワンちゃんは、たばこの煙や臭いも苦手です。狭い空間でプカプカするとそれだけで気分が悪くなってしまうことも。車内での喫煙は控えましょう。

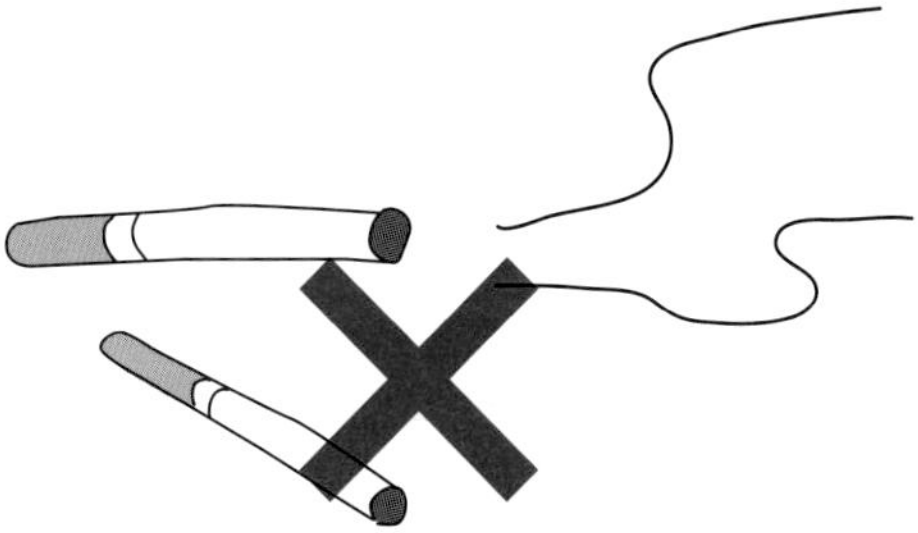

犬はたばこの臭いが苦手！

Point

車酔い防止に効果のあるもの

しょうがをかじれば効き目がある

乗りもの酔いは、セロトニンという神経伝達物質が胃腸の筋肉を必要以上に収縮させることで起きます。しょうがは抗セロトニン効果があるとされているため、あらかじめ少量のしょうがを食べさせておくと効果が期待できます

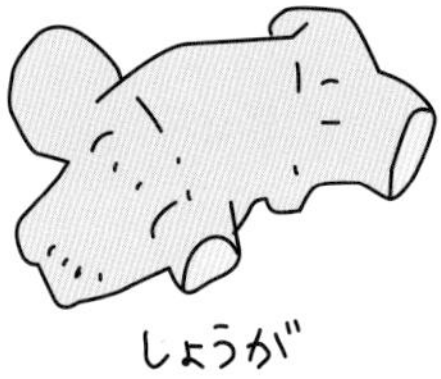

ペパーミントを利用する

ペパーミントは神経を鎮めるだけでなく乗りもの酔いにも効果があります。ペパーミントのエッセンシャルオイルをティッシュに染み込ませ、嗅がせるという方法も有効です

動物病院で薬を処方してもらう

動物病院で乗りもの酔いに効果のある薬を処方してくれるので、
車酔いがひどい愛犬には利用して防止しましょう

生活

犬ごはんのポイント 42

メンタルケアにおやつでゲーム

犬は長時間の留守番や運動不足、慣れない環境などにストレスを覚えます。ストレスが原因で胃腸炎や皮膚炎、さらにはうつ病といった心の病に侵されることもあります。日頃から愛犬をよく観察して、ストレスが溜まっているなと感じたら、安心してごはんを食べられる環境作りや散歩の時間などに配慮してあげましょう。

もちろん、一番の心のケアは飼い主の愛情ですから、コミュニケーションもお忘れなく。

コツ1
リラックスした環境を整える

玄関近くで人の出入りが激しい、道路沿いで騒音がうるさいなど、ごはんを食べる場所が落ち着かない環境だとストレスが溜まりがちです。コロコロ変えるのは禁物ですが、静かな場所にケージやハウスを移動させてあげましょう。

落ち着かない場所は避ける

コツ2
おやつを使ってゲームをする

大好きなおやつを隠して探させる、また2種類用意してどっちにするか選ばせるなど、おやつを使った遊びはコミュニケーションになりますし、愛犬が喜ぶこと間違いなしです。

プラス ワン！アドバイス

遊ぶ時間がなければ、「お手」や「おすわり」「まわれ」など簡単な芸をさせるだけでもOKです。出来たときはもちろん、おやつを忘れずに。

コツ3
音楽でリラックスさせる

いつも聴いている音楽を留守番中やごはんタイムに流しておけば、飼い主のことを思い出してリラックスします。犬用の癒やし音楽CDを試してみるのもいいでしょう。

“いつもの曲”で
飼い主を思い出す

コツ4
散歩に変化をつける

散歩コースを変えるだけでも愛犬のストレス解消になります。たまには途中の公園に寄って探検するなど、思いっきりワクワクさせてあげてください。

Check!

ストレスが溜まっているサイン

- □ イタズラが増えた
- □ 食欲がない
- □ 呼んでも反応がない
- □ 体をよく引っかいている、なめてばかりいる
- □ 無駄吠えをする
- □ ウロウロ、キョロキョロと落ち着きがない
- □ いうことをきかなくなった
- □ 自分の尻尾を追っかけてグルグルまわっている

ストレスの原因と考えられること

- **散歩に行っていない**（運動不足）
- **構ってあげられていない**（運動、コミュニケーション不足）
- **連日の留守番**（不安感、運動、コミュニケーション不足）
- **ケージやハウスの場所を変えた**（環境の変化）
- **自宅を引っ越した**（環境の変化）
- **車での移動**（環境の変化、不安感）
- **子どもに構われ過ぎる、イタズラされる**（不安感、不快感、警戒心）
- **2頭目を飼い始めた**（不安感、警戒心、コミュニケーション不足）
- **人間の赤ちゃんなど家族が増えた**（不安感、警戒心、コミュニケーション不足）

生活

犬ごはんのポイント 43

薬はごはんに混ぜてこっそり服用

薬を飲ませようとすると、たいていのワンちゃんはそっぽを向いてしまいます。人と同じでやはり苦い薬は嫌なのでしょう。

犬に「良薬、口に苦し」と教えられればいいのですが、そうもいきません。ここはだましだましで飲ませるしかありません。ごはんとうまくセットにすれば、無理なく服用できるようになりますよ。

コツ1

錠剤はおやつに埋め込む

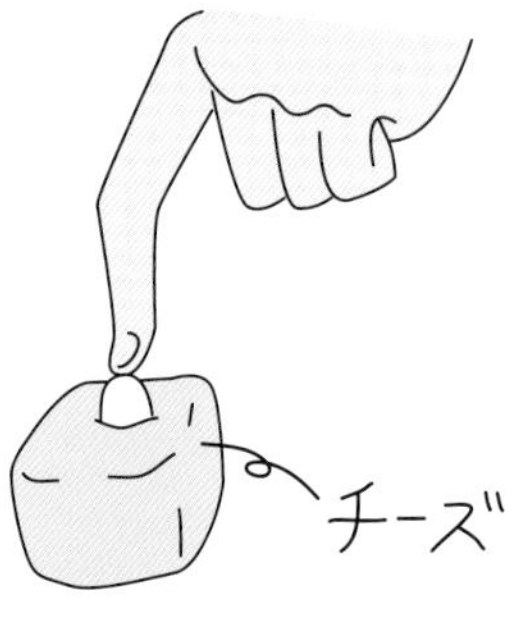

錠剤は軟らかいチーズやバナナ、おやつに埋め込むなど工夫してみてください。おやつの香りが弱いと、ワンちゃんは薬があることに気づいてしまいますので、香りの強いものが良いようです。

コツ2

粉薬や顆粒はフードに混ぜる

粉薬や顆粒の薬はごはんに混ぜて飲ませるといいでしょう。ただし、ドライフードはワンちゃんに気づかれやすいようです。

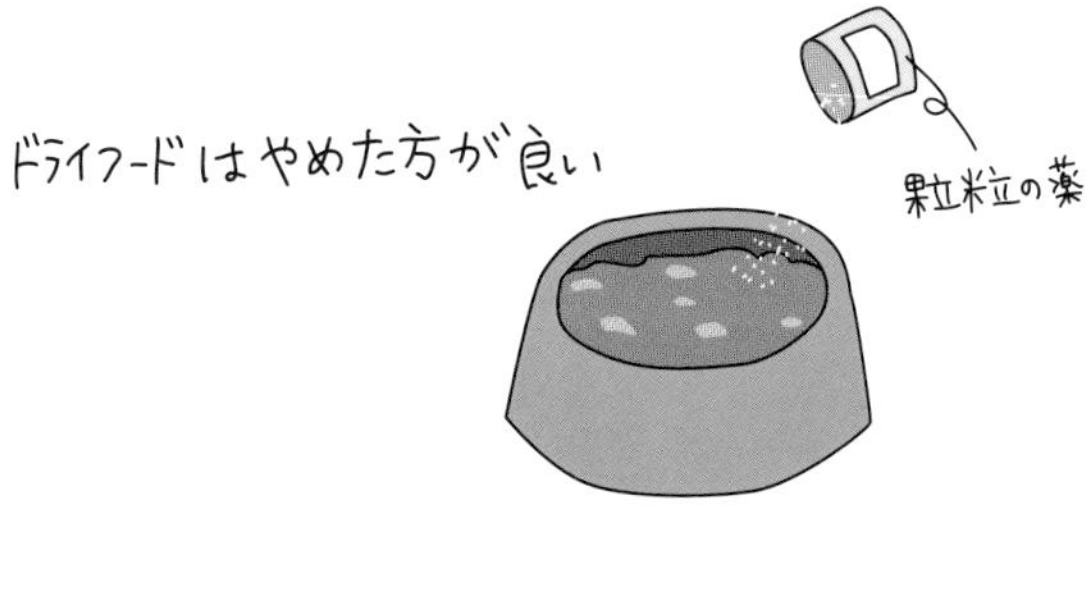

プラス ワン! アドバイス

ワンちゃんに薬を飲ませるための専用レシピをあらかじめ考えておきましょう。煮込み料理や穀物、または豆腐を使った料理など、いくつかレパートリーがあれば便利ですよ。

コツ3
粉薬は歯茎にこすりつける

粉薬は歯茎に塗ると勝手にペロペロとなめてくれるからカンタンです。薬を選べるときは粉薬が良いかもしれません。

コツ4
口の奥に錠剤を入れる

どうしても錠剤を飲まないワンちゃんには、薬を喉の奥まで持っていきます。次に口を閉じさせ、口を少し持ち上げて喉をさすりながら飲ませるようにしてください。この方法なら苦味を感じません。ワンちゃんにとってもラクなはずです。

喉をさすりながら飲ませる

MEMO

常備しておきたい犬の薬

ノミ駆除・寄生予防の薬

犬にとってノミやシラミは大敵。予防薬として使う

下痢止めの薬

拾い食いなどで胃腸を壊しやすいので、常備薬として用意しておきたい（ビオフェルミンなど）

皮膚病の薬
（かかりつけの医者にもらっておく）

湿疹やじんま疹のときに使う塗り薬

風邪薬

痛みや熱を抑えるアスピリンが含まれた使用頻度の高い薬

生活

犬ごはんのポイント 44

歯みがきガムで歯石・歯周病を予防する

歯みがきをしていないと、歯の表面に歯垢がつきます。そのまま放置してしまうと、歯や歯茎にこびりつく歯石に変化し、やっかいな歯周病に悩まされることになりかねません。

歯周病は心臓病や肝臓病を引き起こす原因になるばかりか、病院での大がかりな治療も必要となります。ワンちゃんの健康を維持するためにも、歯みがきを習慣化するよう心がけましょう。

コツ1

歯みがきガムを利用する

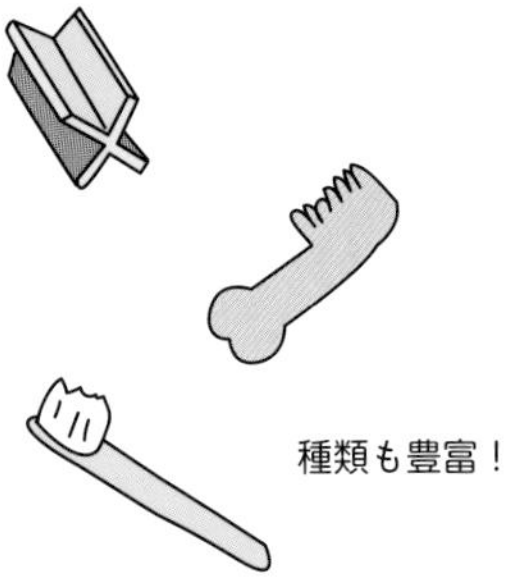

歯みがきに慣れていないワンちゃんには、噛ませるだけで歯の表面の汚れを落とせる歯みがきガム(デンタルケアガム)がオススメです。これなら嫌がるどころか喜ぶ犬もいるぐらいです。

コツ2

歯みがきは最低でも2、3日に1回

歯みがきガムでも歯の汚れは取れますが、やはり歯みがきが一番です。歯の歯垢が歯石に変わるサイクルは3～5日なので、最低でも2、3日に1回は行うようにしましょう。

犬のキ・モ・チ

僕は、乳歯だった小さな頃から歯みがきしていたんだ。だから、他の犬のように歯みがきをイヤだなんて一度も思ったことないよ。

+《プラス》ワン！アドバイス

先端が乾いた歯ブラシは歯肉を痛めてしまうことがあります。歯みがき前にブラシを水ですすぎましょう。愛犬の好きな匂いがついた歯みがきペーストをつければ喜んで歯みがきをしますよ。

コツ3 ご褒美をあげながら歯みがきを

歯みがきを嫌がるワンちゃんは多いので、歯みがきの後におやつをあげて「歯みがき＝いいこと」と覚えさせましょう。ただし、おやつのあげ過ぎはカロリーオーバーになるので、あらかじめ細かく切って少量を渡すように。

Point

歯みがきに慣れさせるためのステップ

ステップ1

口の周りを触れる

いきなり歯ブラシを口に入れると嫌がるので、口の周りをなでるイメージで軽く触れるようにする

↓

ステップ2

口の中を触れる

口の中に指を入れて歯に触れる。初めは歯みがきペーストなどを使って慣れさせるといい

↓

ステップ3

ガーゼで歯を磨く

指にガーゼを巻いて歯を磨く練習をする

↗

ステップ4

歯ブラシに慣れさせる

ガーゼに慣れたら、歯ブラシにチェンジ。ただし、歯ブラシを動かさずに歯に軽く当てるだけ

↓

ステップ5

歯ブラシで歯を磨く

いよいよ歯ブラシで歯みがきを。磨き方は歯の根本に歯ブラシが45度になるよう当てて左右に動かす。とくに汚れやすい犬歯は丹念に磨く

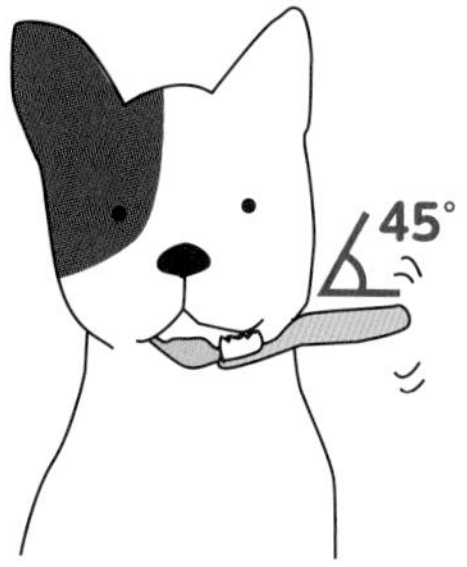

生活

犬ごはんのポイント 45

多頭飼いならごはんの順番に差をつける

1頭だとさびしいだろうと2頭目を飼い始めたら、ごはんのときにいつもケンカになっちゃって……。

こんな悩みをよく聞きますが、これは飼い主が犬の心理や個性を理解していないから起こるトラブルです。

多頭飼いするときには、それぞれの犬の個性を見極めて、飼い主がルールを決めておくことが大切です。

コツ1

必ず先輩の犬からごはんをあげる

先輩犬を優先！

新しく仲間に加わった犬の世話をしていると、先輩犬は飼い主の愛情がそちらに移ったと勘違いしてやきもちを焼きます。新しい仲間が加わっても、ごはんは先輩から先にあげるという序列をはっきりつけましょう。

コツ2

赤ちゃんが生まれても変わらない愛情を

家族に赤ちゃんが生まれると、赤ちゃんも「新入り」とみなしてやきもちを焼きます。大切なのは今までと変わらない接し方をすることです。お母さんが赤ちゃんの世話で忙しいときは、お父さんが犬と遊ぶ、そんな工夫をしてください。

愛情は均等に

+《プラス》ワン！アドバイス

犬同士がけんかをして先輩が負けると極端に自信をなくし、ストレスを抱えたり、心因的に弱ってしまいます。先輩犬をたてた扱いをしてください。

コツ3
名前を呼ぶときも先輩を優先

散歩に連れ出すときや遊ぶときも、まずは先輩犬の名前を呼ぶようにしましょう。明確な順列をつけるのが多頭飼いの基本です。

呼ぶときも
先輩犬を先に

コツ4
別のハウスで食事をする

先輩犬から順番にごはんをあげても、奪い合いが絶えないときは、それぞれのハウスで別々にあげるようにしましょう。

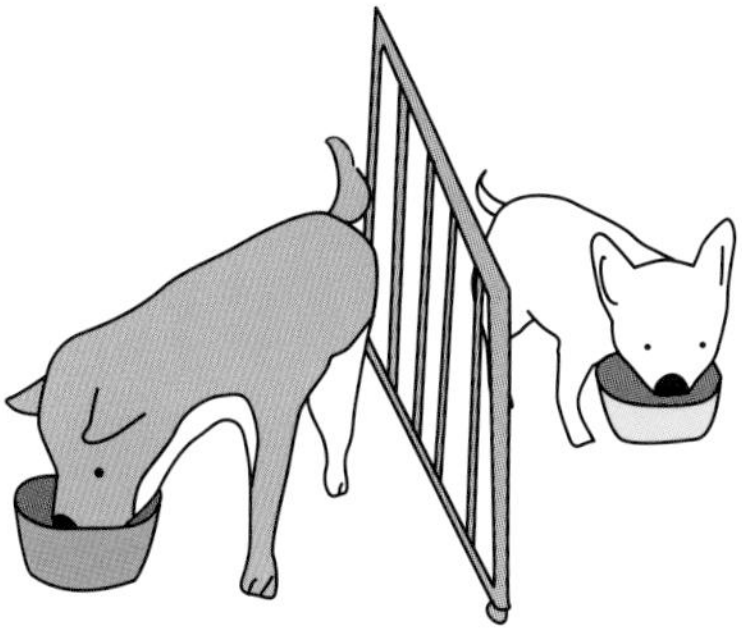

食事は別々に

Check!

先輩犬の異変に注意！

先輩犬にこれまでになかった行動や異変が見られるようになったら、新人犬へのやきもちの可能性があります。

- 新人犬への威嚇がとまらない
- 構ってほしくてよく吠えるようになる
- 同じケージに入りたがらない
- 食欲不振になる
- 極端に元気がなくなる
- 犬嫌いになる

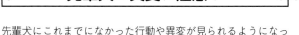

生活

犬ごはんのポイント 46

アイテム選びでもっと仲良く

ごはんタイムを楽しくする食器類をはじめ、毎日の暮らしを豊かに、そして快適にするワンちゃん専用グッズはたくさんあります。

また、トイレトレーなど生活のさまざまなシーンを考慮したアイデア商品も多く、愛犬の体質やクセに合わせて選んであげてはいかがでしょう。

コツ1

アレルギーに配慮する

ごはんを食べ終えても、食器をいつまでもペロペロとなめる習性のある犬もいます。プラスチックやステンレスにアレルギーが心配なワンちゃんにはセラミック製や木製を選んであげてください。

コツ2

食べ散らかす犬には底の深いボウルを

食べ終わるといつも周りにごはんが散乱しているというワンちゃんには、底の深いフードボウルを選んであげましょう。また、汁ものごはんのときも深いボウルがおすすめです。

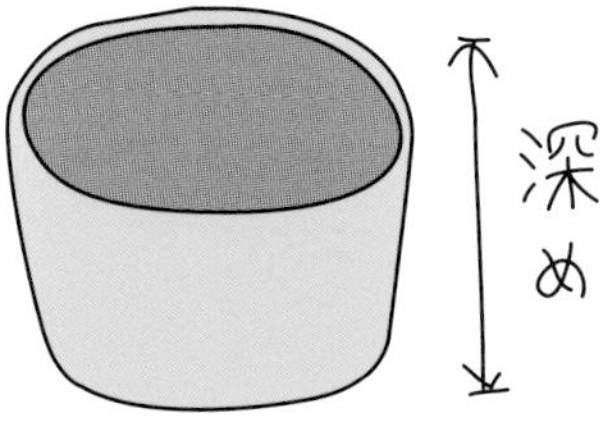

プラス ワン! アドバイス

トイレシーツを破って食べてしまうワンちゃんには、シーツが取れないタイプのトレーを用意しましょう。

コツ4
食糞を防止できるタブレット

食糞グセが直らない、そんなワンちゃんには「食糞防止タブレット」がおすすめです。ごはんに混ぜて使用すれば、ウンチが苦くなり興味を示さなくなります。

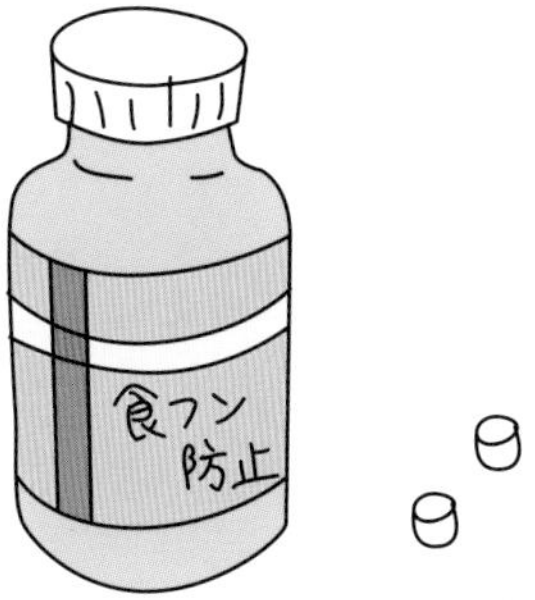

ごはんに混ぜて使う

コツ3
むせるときは特殊なボウルを

ごはん中によくむせるのは早食いの証拠。そんなワンちゃんには、ごはんをいっぺんに詰め込み過ぎない側面と中央に突起がある特殊なフードボウルがあります。専門店やインターネットで探してみてください。

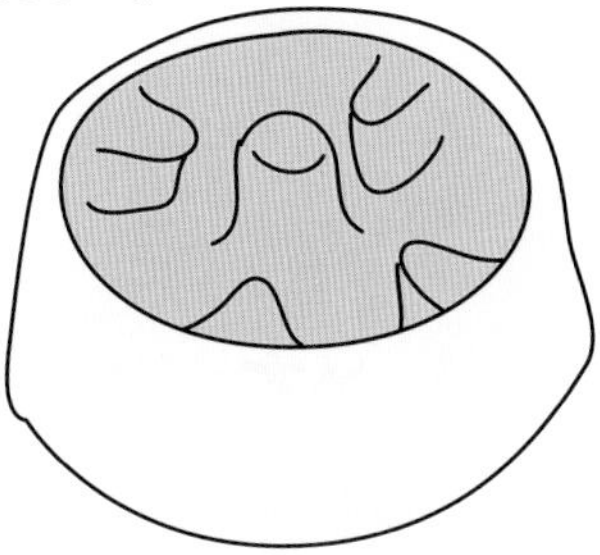

これで早食いを防止

MEMO

こんなときに助かる便利なグッズ

課題 1	散歩中や来客に吠えて困る…	ワンちゃんが吠えようとすると振動し、**音で気をそらすグッズ**で解決する
課題 2	リードをグイグイと引っ張り思うように散歩ができない…	**引っ張り防止や口輪**を利用したり、グイグイ行こうとする瞬間に飼い主が逆に引っ張ることで犬に注意を与える習慣をつける
課題 3	机やイスを噛んでボロボロにしてしまう…	よく噛む机やイスの脚などに、**タオル**を巻くか、**苦味成分を含んだスプレー**を吹きつけるのが効果的
課題 4	来客があると、興奮して吠えてしまう…	**側面が見えづらいクレート(移動するときに使う犬用の入れもの)**に入れる。留守番をさせるときも利用できる

生活

犬ごはんのポイント 47

変わり種グルメで一緒の時間を演出する

ワンちゃん用の食べものもバラエティー豊かになり、ゴージャスなものになると、結婚式専用のウェディングケーキなんていうのも各種そろっています。

そうしたグルメは愛犬と過ごす時間をより充実したものにしてくれるものですし、ワンちゃんも喜んでくれます。たまには取り入れてみるのも楽しいひとときになります。

コツ1
暑い夏は犬用アイスクリーム

暑いのが苦手なワンちゃんが大喜びの犬用アイスクリーム。お腹にもやさしい豆乳でできていますから安心です。

夏はアイスクリームが最適！

コツ2
おやつの時間に和菓子を楽しもう

ケーキなどの洋菓子だけでなく和菓子もあります。おやつの時間に和菓子を楽しむのもまた一興というわけです。

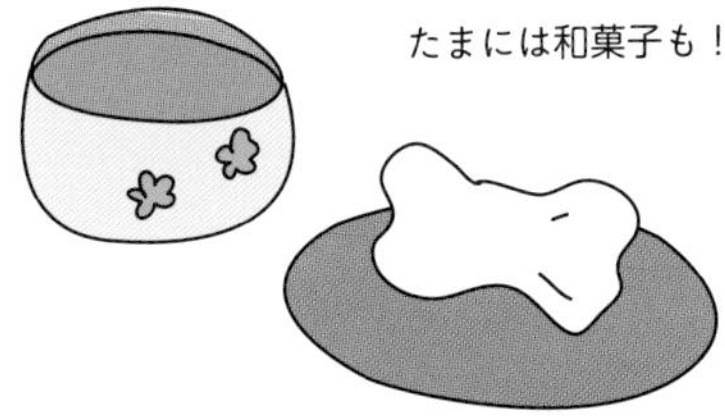

たまには和菓子も！

プラスワン！アドバイス

埼玉B級ご当地グルメで準優勝になった「すい～とん」のワンちゃんバージョン「わんすい～とん」というのもあります。ワンちゃんと一緒にB級グルメに舌鼓をうつのもいいですね。

犬のキ・モ・チ

スイーツが大好きなんだけど、ご主人様が「カロリーが高いからダメ」ってくれないんだワン。カロリーを抑えたダイエットスイーツもあるのになぁ……。

コツ3 愛犬にもバレンタインを

乾燥させたイナゴ豆の粉末「キャロブ」を使用したチョコレート。バレンタインデーにワンダフルなプレゼントになります。

「キャロブ」を通販やペットショップなどで入手して利用しよう

MEMO

犬用ご当地グルメを楽しもう！

全国にはペット用の美味しい
ご当地グルメもあるので試してみよう

秋田
きりたんぽ鍋

福岡
干しわらすぼ

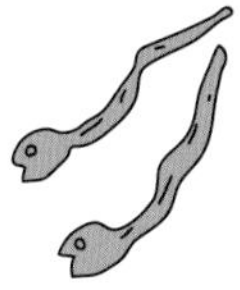

北海道
エゾ鹿生肉

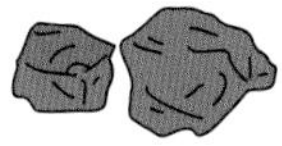

宮城
牛タンジャーキー

宮崎
切り干し大根

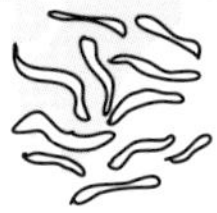

高知
四万十あおさのり

生活

犬ごはんのポイント 48

マナーを守ってドッグカフェを楽しむ

愛犬の友達づくりや飼い主同士の交流に活用したいのがドッグカフェです。グルメなワンちゃんのために、わんこ専用メニューを充実させるカフェも増えています。

中には、「おしゃれな犬が行くところでは」「飼い主のコミュニティーが出来上がっているのでは」と尻込みしてしまうという方もいるでしょう。マナーさえ守れば、どなたでも楽しめますから、デビューしてみてはいかがですか?

コツ1
トイレは行く前に済ませる

初めてのワンちゃんはカフェに入った途端、興奮しておもらしなんてことがよくあります。入店前にトイレを済ませておきましょう。

トイレは済ませてから

コツ2
リードを短くしてコントロール

カフェではリードを短めにして、他のお客さんの迷惑にならないようしっかりコントロールしてください。

リードは短めに

+《プラス》ワン! アドバイス

おとなしい犬でも、リードは絶対に外さないようにしましょう。自宅とは環境が違いますから、いつもと同じと思わないように注意してください。

コツ3

慣れないうちは奥の席を

出入り口に近い席は、他の犬と接触する機会が多く興奮しがちです。慣れるまでは、奥の方の席を選ぶと落ち着いてお茶を楽しめます。

落ち着かない
入り口付近は避ける

コツ4

オリジナルメニューを楽しむ

オリジナルメニューを用意しているところもたくさんあります。たまの外食ぐらいカロリーを気にせず好物を注文したいところですが、愛犬にアレルギーがある場合は、オーダーの際スタッフに伝えるようにしましょう。

Point

こんなドッグカフェで楽しもう☆

- 犬用オリジナルメニューがある
- リードを留めるところがある
- 隣の席との間隔が広い
- テーブルやイスが丈夫。犬が動きまわってもガタガタしない
- 床がすべりにくい
- 換気がしっかりできている
- 犬専用の食器洗い場がある
- スタッフが常連客の犬の名前や好物を覚えている
- 興奮した犬を落ち着かせられるスタッフがいる
- 人間用のメニューも豊富でおいしい
- 犬種別パーティーや誕生日会などイベントの企画がある

生活

犬ごはんのポイント 49

季節食材でお弁当を作る

花見に新緑、紅葉と四季折々の行楽には、ぜひとも季節食材を使ったお弁当持参で出かけたいものです。

春がふきのとうなら、夏はフルーツ、秋にはマツタケを堪能、冬は白身魚と季節の味覚を取り入れると行楽気分は大いに盛り上がります。ただし、ワンちゃんにとってはＮＧ食材もありますからご注意を。

上手に食材選びをして、かけがえのない思い出を作りましょう。

コツ1
お花見弁当をふきのとうやいちごで彩る

タケノコやわらび、つくしといった春の食材はアクが強く、繊維質が多過ぎるため、残念ながら犬には向かないものも多くあります。ビタミン豊富なふきのとうやいちごでお弁当を彩りましょう。

彩り鮮やかな
花見弁当

コツ2
夏野菜をおやつにする

夏は、フードとは別にトマトやきゅうり、すいかなどをおやつに与えれば良い水分補給になります。夏野菜でもナスはアクが強いので避けた方がいいでしょう。

犬のキ・モ・チ

お花見や紅葉狩りで自然と触れ合うのは、僕たちにとってもすごく気持ちの良いことなんだ。ご主人様が楽しそうだと嬉しくなるしね。

コツ3
マツタケの香りで食欲をアップ

秋の味覚といえば、やっぱりきのこ。夏バテ気味だったワンちゃんもマツタケの香りにメロメロです。もちろん、かぼちゃやさつまいものおやつも喜びます。

マツタケのいい香り♪

コツ4
冬の魚は脂に注意する

魚介類がおいしい冬は、タラやカレイなど旬の魚を取り入れましょう。ブリやマグロといった脂の多い魚は、よくゆでてから与えてください。

脂肪分カット！

Check!

どんな季節食材なら食べられる？

○…与えても○K　△…個体差アリ　×…与えない方が良い

春	夏	秋	冬
○ ふきのとう	○ トマト	○ きのこ類	○ タラ
○ いちご	○ きゅうり	○ かぼちゃ	○ カレイ
○ 空豆	○ すいか	○ さつまいも	○ みかん
	○ メロン	○ なし	○ りんご
△ 春の七草			
△ 桜エビ	△ ピーマン	△ 柿	△ ブリ
	△ とうもろこし	△ 栗	
× タケノコ	△ ナス	△ ぶどう	× 牡蠣
× つくし	△ ゴーヤ		× カニ
× わらび		× 月見だんご	

生活

犬ごはんのポイント 50

特別メニューでイベントを満喫する

誕生日やクリスマス、お正月など季節のイベントには、愛犬用のスペシャルメニューを用意してあげましょう。

選ぶのに迷うほど充実した市販のクリスマスケーキやおせちもいいけれど、「今日は特別」と手間ひまかけて手作りするのもいいですね。

愛犬専用のご馳走は、家族団らんのひとときを演出し、一層絆を深めてくれます。

コツ1
型抜き野菜でおせちを飾る

おせちのメインはだし巻き卵と肉だんご。それを花型に抜いたにんじんや大根、紅白かまぼこで飾れば、とっても華やかになります。

ワンちゃん専用おせち

コツ2
ローストチキンで聖夜を迎える

クリスマスケーキは糖分が気になるというワンちゃんには、ローストチキンはいかがでしょう。香ばしいチキンにハーブをふりかければ、豪華クリスマスメニューの完成です。

骨ごと与えないように要注意

犬のキ・モ・チ

クリスマスはご馳走も食べられるし、新しいおもちゃも買ってもらえるから大好きなんだ。ピカピカ光るツリーを眺めるのも楽しいワン。

わんバースデーケーキ

愛犬の誕生日は、糖分抜きの体に優しいデコレーションケーキでお祝いしましょう。
いちごの代わりに季節のフルーツで彩るのもいいですね。

材料（12cm 型）

卵	1個
薄力粉	25g
ベーキングパウダー	小1/3
牛乳	小1
豆乳生クリーム	適量
プレーンヨーグルト	少々
じゃがいも	1個
かぼちゃ	少々
いちご	1個

作り方

① 型にクッキングペーパーを敷く

② 卵を卵白と卵黄に分け、別々にホイップして合わせる（砂糖を入れずによく泡立てる）

③ ②に小麦粉をふるってさっくりと混ぜ、牛乳を加えてよく混ぜる

④ ③を 180℃のオーブンで 15 ～ 20 分焼く

⑤ 布でこして水分を切ったヨーグルトに生クリームを加えよく合わせる

⑥ ⑤にマッシュしたじゃがいもを合わせ、スポンジに塗ってデコレーションする

⑦ 裏ごししたかぼちゃに生クリームをあわせ、絞り袋に入れて絞る

⑧ いちご、にんじん、かぼちゃなどをかわいらしくトッピングして出来上がり

愛情いっぱい 犬ごはん 知っておきたい55のポイント
正しい食生活で健康なカラダをつくる！

2020年　3月5日　　第1版・第1刷発行

著　者　「幸せ犬ごはん」編集室（しあわせいぬごはんへんしゅうしつ）
監　修　木下聡一郎（きのしたそういちろう）
発行者　株式会社メイツユニバーサルコンテンツ
　　　　（旧社名：メイツ出版株式会社）
　　　　代表者　三渡　治
　　　　〒102-0093　東京都千代田区平河町一丁目1-8
　　　　TEL：03-5276-3050（編集・営業）
　　　　　　 03-5276-3052（注文専用）
　　　　FAX：03-5276-3105
印　刷　三松堂株式会社

ご意見・ご感想はホームページから承っております。
ウェブサイト　https://www.mates-publishing.co.jp/

編集長：折居かおる　副編集長：堀明研斗　企画担当：折居かおる

※本書は2011年発行の「ワンちゃんがもっと元気に！「犬ごはん」毎日のポイント55」を元に加筆・修正を行っています。